贵州林歹铝土矿深部地下开采防治水研究

STUDY ON WATER PREVENTION AND CONTROL IN DEEP UNDERGROUND MINING OF LINDAI BAUIXTE, GUIZHOU

彭三曦　单慧媚　熊　彬　**著**

中南大学出版社
www.csupress.com.cn
·长沙·

前言 / Foreword

　　随着我国经济的高速发展，对金属铝的需求日益增加。铝土矿作为提炼金属铝的原材料，其合理开采和安全生产在国民经济发展中起到举足轻重的作用。我国铝土矿多属于沉积型矿床，往往与岩溶强烈发育的灰岩共存。灰岩导水性强且富水性不均，加上断裂等地质构造的存在，使矿区水文地质条件更加复杂难测。铝土矿开采一旦与灰岩连通，极易发生严重的突水事件，造成无法挽回的经济损失和人员伤亡事故。此外，为满足金属铝的社会和市场需求，铝土矿开采日益朝向更深且水文地质条件更复杂的区域，这导致我国铝土矿开采过程中面临的突水问题更加严峻，迫切需要开展铝土矿深部开采及其防治水的研究。

　　贵州林歹铝土矿是我国西南地区开采几十年的典型岩溶矿山，设计采用中央竖井开拓系统，规模为 $15 \times 10^4 t/a$。竖井在掘进至 1190 m 中段马头门时，发生突水淹井事故。由于突水水源和 1190 m 标高以下的水文地质条件不清楚，堵水未成功，被迫在 1190 ~ 1240 m 区段浇筑砼止水垫止水，1190 m 标高以下已探明的约 167.76×10^4 t 铝土矿资源无法继续开采。

　　本专著以贵州林歹铝土矿区为研究对象，以岩溶地下水系统为理论指导，以"查明突水水源"和"识别突水通道"为技术支持，广泛收集并研究其地质和水文地质条件，结合地下水动力学，分析矿坑突水机理。在此基础上，识别矿山延深开采至 1040 m 中段时的潜在突水威胁，利用底板突水理论、BP 网络模型、AHP 和 GIS 联用技术分别评价隔水层安全性、矿区周边水库渗漏，以及岩溶易塌陷区地表水涌入对矿区延伸开采的影响。最终，提出一套合理的防治水和开拓系统方案，科学回答了"林歹铝土矿 1190 m 中段马头门遭遇突水淹井的突水机理"以及"1190 m 中段以下矿产资源能否开采和如何开采"的难题。

最后，本专著提出林歹铝土矿区深部开采的两套开拓系统方案：延伸现有竖井（Ⅰ）或延伸现有盲斜井（Ⅱ）。对基建掘进工程量、水文地质因素、防治水方法与技术措施、注浆工程量与施工难度，以及井下防治水安全风险等多个因素进行对比分析，认为：林歹铝土矿区 1190 m 中段以下矿产资源可以继续开采，建议以方案Ⅱ"原竖井 + 盲斜井"开拓方案作为矿区 1190 m 中段延伸开采至 1140 m 中段的优选方案，本次研究可挽回本打算放弃的 167.76×10^4 t 深部铝土矿资源。本次研究具有显著的社会意义和经济效益，对国内外同类型的矿山深部开采和防治水研究具有理论与示范意义。

本专著在国家自然科学基金项目（项目编号：41877194、41674075、41502232、42062015），广西科技基地和人才项目（项目编号：2018AD19142、2018AD19142），广西自然科学基金项目（项目编号：2017GXNSFAA198096、2016GXNSFGA380004），广西高等学校高水平创新团队及卓越学者计划项目，广西中青年能力提升项目（项目编号：2018KY0253），桂林理工大学校级科研项目（项目编号：GLUTQD2016047、GLUTQD2017010）及桂林理工大学"双一流"建设项目的资助下完成的。中南大学出版社的编辑在本书的出版过程中做了大量细致的编辑、校核工作，在此一并表示诚挚的谢意。

彭三曦

2020 年 5 月于桂林理工大学雁山校区

目录
Contents

第 1 章　绪　论

1.1　研究背景及选题意义

1.1.1　研究背景

铝具有重量轻、无毒、性能好、耐腐蚀、易回收、易延展等优点，广泛用于航空、轻工业等领域，拥有"万能金属"之誉。我国是原铝生产大国，产量高达 9.78 万 t/d，占全世界的 57.87%[1, 2]。因此，铝业生产在我国国民经济发展中占据十分重要的战略地位[3-5]。

铝土矿是提炼铝的主要矿石[6, 7]。早期我国铝土矿开采主要以露天或浅层开采为主，随着金属铝的社会和市场需求增加，浅层铝土矿资源日益枯竭，促使铝土矿开采不断向更深部拓展。然而，我国铝土矿主要为沉积型矿床，多处于岩溶区，与灰岩共存，水文地质条件复杂多变，深部开采过程中极易诱发岩溶突水问题，造成巨大的经济损失和人员伤亡。岩溶突水几乎成为唯一制约我国铝土矿安全开采和生产的因素[8-14]。查明铝土矿深部开采过程中潜在的突水威胁及其影响，科学合理地设计深部开采和防治水方案，是保障我国铝土矿资源有效开采和安全生产的重要基础[15-17]。

贵州省是我国重要的铝土矿资源开采地，其储量约占我国总储量的 1/5。林歹铝土矿是贵州省开采几十年的典型矿山，年设计规模为 15×10^4 t/a[18, 19]。矿山开采设计采用的是中央竖井开拓方案，共设 1332 m、1295 m、1245 m、1195 m、1145 m、1095 m、1045 m 七个生产中段。然而，当竖井掘进至 1190 m 中段马头门时，遭遇岩溶突水淹井事故。由于突水机理不清，初步堵水未成功，只能在 1190~1240 m 区段浇筑砼止水垫进行止水，故竖井不能继续延伸，只能在 1240 m

中段以上形成开拓系统,随后采用盲斜井开采 1190 m 中段铝土矿。然而,1190 m 标高以下已探明的约 167.67×10^4 t 铝土矿资源无法继续开采。如果不能及时查明突水机理,进行防治水设计,提出科学合理的延伸开采方案,该矿井将面临关闭停产,造成极大的经济损失。当前,国内外深部开采的铝土矿山较少,与其相关的突水问题研究较少,积累的防治水成功经验也十分有限[20-24]。这一现状导致众多研究和设计单位对林歹铝土矿区的突水机理无法形成共识,对该矿区 1190 m 中段以下矿产资源能否继续开采和如何开采一直未形成统一的结论。

为解决上述难题,本专著以岩溶地下水系统为理论依据,以"查明突水水源"和"识别突水通道"为技术支持,综合利用"资料收集与分析""野外调查、监测与实验""模型构建与验证"等技术,分析突水机理,识别突水威胁及其对矿区延伸开采的影响,最终形成一套科学合理的防治水设计方案和深部开拓系统方案,为林歹铝土矿区深部开采提供理论依据和技术支持。

1.1.2 选题意义

我国铝土矿资源的社会需求和市场需求巨大,然而,铝土矿床大多与岩溶强烈发育的灰岩共存,深部开采过程面临着诸如岩溶突水、岩溶塌陷、井下防治水任务重等技术难题,识别其突水威胁及影响,提出科学合理的深部开采防治水方案和开拓系统方案,才能保障我国铝土矿资源的有效开发和利用。

(1)本专著从不同尺度和深度范围分析研究区地质、水文地质和岩溶发育特征等,结合地下水动力学计算,科学解释了我国重要的铝土矿生产地——贵州林歹铝土矿区 1190 m 中段马头门遇到的岩溶突水机理,为该矿区深部开采及防治水设计奠定了基础,为我国矿山深部开采相关的突水问题研究提供了方法参考;

(2)本专著查明了林歹铝土矿深部开采面临的潜在突水威胁及其对矿井延伸开采的影响,提出了 1190 m 中段延伸开采至 1040 m 中段的"盲斜井"开拓优化方案,为该矿区深部开采提供了技术支持,可挽回本打算放弃的 167.67×10^4 t 深部铝土矿资源(约 2.4 亿元),具有重要的社会意义和经济价值。

此外,本专著的研究成果可在国内外类似矿山进行推广应用,推动我国复杂水文地质条件下矿山深部开采防治水技术的发展。

1.2 国内外研究现状及发展趋势

1.2.1 铝土矿分布特征及开采现状

铝具有重量轻、无毒、性能好、耐腐蚀、易回收、易延展等优点,广泛用于航空、轻工业等领域，拥有"万能金属"之誉。我国是原铝生产大国[1, 2]。2017年国际铝业数据显示，全世界的原铝生产量达到 16.9 万 t/d，中国的产量高达 9.78 万 t/d，占全世界的 57.87%。因此，金属铝在我国国民经济发展中占据十分重要的战略地位[3-5]。

铝土矿是提炼铝的主要矿石[6, 7]。铝土矿一般呈白色、浅灰色，相对密度为 2.32 ~ 2.42 g/cm³。按下伏基岩差异可分为红土型、岩溶型及沉积型；按成分可分为一水硬铝矿、一水软铝矿和三水软铝矿[25-28]。其中，红土型铝土矿主要为三水软铝矿，是最佳的炼铝材料，主要分布于非洲、大洋洲、拉丁美洲及东南亚区域[29-31]。岩溶型铝土矿主要为一水软铝石，品位一般，多分布于加勒比、南欧海地区和亚洲北部区域[32-39]。沉积型铝土矿以一水硬铝石为主，品位较差，矿床规模较小，主要分布于中国和东中欧地区[40, 41]。

全球铝土矿总量达 570 ~ 780 亿 t，资源储量达 290 亿 t。其中，中国铝土矿资源保有总储量高达 22.9 亿 t，位居世界第七位[42-44]。我国铝土矿资源储存以大型和中型矿层为主，主要分布在山西、贵州、河南和广西地区，分别占全国总储量的 41.7%、17.8%、16.6% 和 15.8%。此外，云南、山东、重庆、海南和四川等十几个省市也有分布，但总量不足全国的 10%[45-52]。

国外铝土矿开采以露天开采方式为主，普遍采用现代机械技术，充分利用铝土矿天然条件下的浅层赋存优势，大规模地露采三水软铝矿，开采后直接使用拜耳法进行铝矿 – 氧化铝 – 铝的生产加工技术[53-55]。例如，澳大利亚作为铝土矿开采的超级大国，2008 年的企业总产能为 6800 万 t/a，其铝土矿开采全部采用露天开采方式。早期我国对铝土矿的开采也以露天或浅层开采为主。然而，随着金属铝的社会和市场需求增加，浅层铝土矿资源日益枯竭，促使我国铝土矿开采不断向更深部拓展[56-58]。

目前我国铝土矿深部开采技术还属于探索阶段，尚未形成一套成熟的开采体系。各个地区铝土矿深部开采主要依据矿产赋存特征和水害特点进行设计，方案存在明显的差异[59-64]。例如，贵州地区对铝土矿的地下开采设计多使用分层崩落法或留矿柱法，山东主要采用短(或长)臂陷落法，山西多采用房柱法。这些方法在实际应用中普遍遇到深部开采过程回收率低、地压管理困难、劳动生产率低、采切工程量大等问题。如何科学有效地开展铝土矿深部开采已日益成为我国矿山开采研究的热点和难题。

1.2.2　铝土矿深部开采的矿井突水问题

我国铝土矿多属于沉积型矿床，往往与岩溶强烈发育的灰岩共存。铝土矿开采一旦与灰岩连通，极易发生严重的突水问题。

我国铝土矿深部开采过程中主要的突水水源为地下水体(主要是岩溶水涌

入)和地表水体(主要是地面水库渗水或者地面塌陷引起地表水大量涌入等)。此外,铝土矿深部开采的岩溶水来源也存在地区差异,北方地区主要来自寒武—奥陶系灰岩岩溶水威胁,南方则来自栖霞—茅口组灰岩岩溶水的威胁。只有及时准确地判断突水成因,查找突水水源,才能解决和进一步预防突水灾害的关键问题。然而,我国岩溶发育多受地层、构造及褶皱控制,其发育程度不均,富水性也极具差异[65, 66],这些导致我国铝土矿深部开采过程中往往无法有效地分析突水机理和识别突水威胁。随着铝土矿开采日益朝向更深且水文地质条件更复杂的区域,我国铝土矿开采过程中面临的突水问题更加严峻。深部开采过程中,一旦发生岩溶突水,轻则影响局部生产,增加吨矿成本,重则淹没整个开拓系统,致使矿山停产或报废[67-69]。种种迹象表明,我国迫切需要开展铝土矿深部开采的防治水研究。

1.2.3 地下水系统理论在矿井突水研究中的应用

地下水系统的概念是在水文地质学发展过程中,人们面对越来越复杂的水文地质问题综合分析、整体把握的基础上发展起来的,是水文地质学发展的必然产物[70-77]。国外学者普遍认为,地下水系统具有独特的平衡方法和水资源特点,包括时空和水动力特征,它能够依据自身能量进行持续的新陈代谢,属于四维的时空有机体[78]。20世纪80年代,陈梦熊等学者将地下水系统的概念引入我国,并按其基本结构和主要特征进行归纳,认为地下水系统是水循环系统、水动力系统和水化学系统共同作用的统一体,依托水流作用,系统间两两进行化学的变化和能量的转换,各系统具有自身特点和水化学规律[79, 80]。徐恒力等学者曾针对地下水的特点进行深入分析,得出地下水系统是一个统一联系的有机整体,具有层次性、动态性和对环境的适应性等特征[81]。

早期地下水系统理论主要应用于对岩溶区泉水的研究。例如,陈植华等学者利用地下水系统的特征,有效预测了1986—1993年郭庄泉岩的泉水流量[82]。韩冬梅等基于地下水系统理论,调查了我国北方岩溶区的泉点,圈画出区域的岩溶大泉[83]。

随着我国矿产资源开采需求的日益增加,越来越多的学者将地下水系统理论引入到矿区开采及其地下水研究中[84-88]。唐依民等早在1993年就提出了矿区地下水系统稳定性的识别办法,1996年提出了矿区地下水系统概念,2005年将该概念应用于湖南湘中涟邵煤田地下水演化系统分析,指导矿区地下开采设计[89]。成春奇和张朱亚应用地下水系统理论将临涣矿区地下水系统进行了合理区划,为矿区开采提供了技术基础[11]。韩宝平系统研究了矿区地下开采过程中地下水系统的演化特征[11]。陈彦美等将该理论应用于福建马坑铁矿研究,系统地阐述了我国南方岩溶矿山地下开采特点及主要问题[11]。这些研究成果暗示着,地下水系统理论已成为矿山地下开采设计及其地下水研究的一个重要工具。

1.2.4　矿山开采防治水问题研究

（1）隔水底板研究是防治水工作的基础

底板突水主要指采矿活动引起巷道及工作面围岩的应力重新分布，破坏巷道隔水底板而发生的矿井水害[90, 91]。统计数据显示，底板突水原因占矿坑事故主因的比例高达88.2%。由此可见，底板突水对矿山地下开采的防治水设计至关重要[92-96]。

底板突水机理的研究最早是针对煤矿开采总结经验和教训，慢慢深入研究各种力学、水文及岩体的微变化层面，逐渐提出底板相对隔水层概念、突水系数概念、"下三带"理论、薄板模型理论、关键层理论及"下四带"理论等[97-99]。早在100年前，匈牙利、南斯拉夫、德国等国就已经开始煤矿开采研究并提出突水理论概念[100-105]。20世纪初，有学者发现煤矿开采过程中，如果有隔水底板的存在，煤矿发生突水的概率就小，而且隔水底板越厚，其发生矿井突水的概率就越小。到20世纪40年代，匈牙利学者韦格弗伦斯率先提出"底板相对隔水层"概念，指出矿坑底板突水不仅取决于隔水层的厚度，跟矿区水压也有很大联系。80年代时，国内外越来越多的学者专注底板破坏机理研究，提出了临近能量释放点概念，至此底板破坏理论研究达到了一个新台阶。

20世纪60年代，以焦作矿区水文地质大会为时间点，突水系数概念的提出标志着我国学者在该领域的研究取得重大突破。突水系数（$T = P/M$）理论在后期理论研究中起到重要的奠基作用，于2009年8月17日被重新列入《煤矿防治水规定》[97]。基于突水系数概念，我国学者从不同角度和方向对底板突水机理进行深入研究，提出了许多相关理论和概念。20世纪80年代，西安分院水文所在突水系数的基础上，进行相应修正，所得成果于1984年写入《矿井水文地质规范》中，基本奠定了突水系数概念在矿山防治水中应用的基础。同期，荆自刚等提出"下三带"理论，认为开采活动的底板破坏同样存在破坏带、完整岩体带和承压导高带。20世纪90年代，王作宇等通过对煤层受矿压和水压破坏的影响研究，提出原位张裂和零位破坏理论，标志着我国底板破坏理论的研究进入了微观力学水平。随后，我国学者从各种角度描述和解释了底板突水现象，先后提出薄板模型理论、"强渗通道"概念、"关键层"理论等成果。21世纪，施龙青在前人研究的基础上，提出了"下四带"理论，认为开采活动破坏的底板可分为四个带，依次为矿压破坏带、新增损伤带、原始损伤带和原始导高带[106-110]。以上成果为我国不同类型的矿山（煤矿、有色金属等）地下开采过程中底板突水的研究及其在防治水设计中的应用提供了重要的理论依据。我国铝土矿深部开采普遍面临底板突水威胁，借鉴以上理论成果，分析底板隔水性能是其防治水设计的关键[111]。

（2）矿山开采防治水技术及其应用现状

针对岩溶地区矿山地下开采过程中面临的突水威胁，我国已探索出了多种有效的防治水措施，并处于国际先进水平[112-117]。比较有效或成熟的方法包括：疏干降压法、坑道防排水法、超前探放水法、注浆堵水法、突水前兆实时监测及预警预报和采掘工艺控制等。

朱福弟通过研究国外岩溶矿床，概括了国外岩溶矿山防治水的特点[118,119]。阮懋昭提出岩溶突水治理措施主要集中在采用排水、堵水或帷幕灌浆手段[120]。赵天石等针对我国南方岩溶区的岩溶发育规律的研究，提出疏干排水是能有效地降低矿山水压，保证底板安全的矿山防治水措施[121,122]。袁道先对我国岩溶学的发展做了论述，为后期防治水的理论把握提供了有益的参考，例如岩溶区岩溶发育具有层状性和条带性，这为分析突水机理提供了指导作用[123]。沈继芳、陈植华、于青春、陈雄、黄树勋、郭三柱等众多学者先后研究和探讨了岩溶矿区地下水防治的实例，确定出矿区地下水防治的基础工作至关重要，须查明矿区充水水源、途径、充水量等基本信息，进一步强调矿山防治水的疏、堵、截结合的关键性[124-129]。

随着计算机技术发展和注浆技术的实践，张群利等应用 GIS 技术分析矿山多源信息，从不同角度出发，识别矿山突水水源，提出修建截水沟阻止大气降雨等水源进入矿区的防治水方案[130,131]。杨相茂、辛小毛、王军等研究了矿山帷幕灌浆在岩溶矿山防治水中的实际应用，提出近矿体注浆能有效防治巷道突水，取得较好的成效[132-140]。王益伟利用地下水流动系统理论探索了大水矿山的岩溶突水机理及防治措施[141]。王心义、李世峰等，曹剑锋、迟宝明等详细论述了地下水理论知识，论述实际应用过程中，地下水的难测量、周期长和难确定等难题[142-144]。汤丽华、刘甘华、杨桂芳、毛健全、费英烈等总结了水库渗漏影响因子，如岩性、岩溶发育、地形地貌等，构建 BP 神经网络模型，用于预测岩溶水库如官厅水库等岩溶水库的渗漏问题[145-152]。邓启江、姜伏伟、赵正君等利用层次分析法预测岩溶地区的岩溶塌陷易发区，为岩溶塌陷的防治提供了一种思路[153-160]。

上述研究成果推动了 GIS 技术、遥感、帷幕灌浆、物探、地下水数值模拟、地球化学、BP 神经网络、突水前兆监测与预警预报及采掘工艺控制等现代技术在矿山防治水中的应用。应用各种新型现代技术对矿山突水最基本和最重要的两个控制因素，即"突水水源"和"突水通道"系统进行归纳和总结已成为矿山突水问题或防治问题研究的热点[161-176]。

1.2.5 存在问题及发展趋势

矿坑突水是诸多因素综合作用的时空演变结果，矿坑开采防治水设计是个复杂的问题。一直以来，国内外学者试图从不同角度，利用不同理论对矿山水害防治进行全面深入的研究，也使得研究成果不断逼近客观实际，有效指导矿山生产。然而，地下开采防治水研究也存在一些问题，需要不断完善和进一步探索，主要体现在：

首先是研究对象范围局限。铝土矿开采关乎我国国民经济发展，铝土矿深部开采普遍面临岩溶突水问题。然而，我国关于矿床水害防治的研究几乎全集中在煤炭类矿床，而对非煤矿床研究较少，针对铝土矿的防治水研究则几近空白。前面论述可知，铝土矿地下开采普遍面临岩溶突水的威胁，这种威胁甚至远超煤类矿床。因此，如何有效地开展铝土矿深部开采防治水设计是我国迫切需要加强的领域。

其次是对矿山深部开采及防治水的研究深度不够，如在综合分析地质钻孔、单孔抽水试验资料、地下水流场等原始资料的基础上应用新技术方法，可更有效地为矿山开采和防治水提供指导。

最后是确定矿坑突水的关键致灾因子，如渗透水压、地层应力、岩体性质、隔水性能等参数时，往往忽视多种方法相互论证和整体把控，或缺少与实际地质条件的结合，导致分析不够深入或提取数据不全，所建模型与矿山实际相差甚远。根据矿区实际地质特征，利用多种新技术和新方法相互验证才能科学分析揭示矿坑突水机理，识别突水因素，制定防治措施。

1.3 研究目标、内容及技术路线

1.3.1 研究目标

（1）研究林歹铝土矿区的地质和水文地质条件，分析竖井 1190 m 中段淹井事故的突水机理，预测延伸现有盲斜井至 1040 m 中段时正常涌水量和最大涌水量；

（2）识别岩溶区铝土矿深部开采的潜在突水威胁，评价矿坑延伸开采至 1040 m 中段时隔水底板的安全隔水性能，迎燕水库渗漏对矿坑深部开采的影响，以及岩溶易塌陷区地表水灌入矿坑的危害，为矿区深部开采及防治水设计提供理论依据；

（3）查明不同尺度和深度范围的水文地质条件和岩溶发育程度，针对 1190 m 中段延伸开采至 1040 m 中段铝土矿资源，提出科学合理的防治水和开拓系统方案，挽回本打算放弃的深部 167.76×10^4 t 铝土矿资源（约 2.4 亿元）。

1.3.2 研究内容

针对贵州林歹铝土矿地下开采的突水机理及防治水问题，主要研究内容包括：

(1)收集区域水文地质资料，进行现场踏勘，整体把握区域水文地质条件。主要包括：

①区域地质、构造及水文地质条件；

②区域水文地质单元划分；

③区域地下水补给、径流、排泄条件；

④地表分水岭、地下水排泄点及岩溶发育规律等情况。

(2)基于已查明的区域水文地质条件，增设钻孔，开展现场实验，分析突水机理，识别突水因素，预测矿坑涌水量。主要包括：

①矿区含水层、隔水层特征及其相互之间的水力联系；

②矿区构造发育特征及深度；

③矿区岩溶发育基本规律；

④矿区岩溶水网络基本模式；

⑤矿井1190 m中段突水机理；

⑥矿井最大和正常涌水量。

(3)隔水底板安全性评价

在研究梁山组隔水层及直接底板摆佐组的物理力学性质的基础上，评价矿区延深开采后，梁山组隔水层和摆佐组合并统一的"复合式"隔水层的隔水安全性能和带压开采所需的安全厚度。

①梁山组隔水层的物理力学特征；

②评价梁山组隔水层的稳定性；

③研究摆佐组的岩性及特征；

④研究"复合式"隔水岩体的隔水性能。

(4)水库渗漏对深部开采的影响评价

迎燕水库距矿体约1.2 km，正常蓄水位为1286 m，比最低开采中段——1040 m中段高出246 m。采用地质学原理和BP神经网络，对迎燕水库渗漏问题进行分析研究，获取水库的渗透情况，评价水库对矿坑充水的影响。

(5)矿区塌陷易发区突水途径研究

矿区新增塌陷为地表水灌入矿坑提供了新的突水通道。结合层次分析法(AHP)和GIS技术评估矿区目前开采状况下的塌陷易发区，验证评价模型的精确性。此外，针对不同水动力条件，分别预测延伸开采至1040 m中段时，"复合式"隔水岩体保持完整和假设遭受破坏时的塌陷易发区，为矿区防治水提供理论依据。

(6)矿区深部防治水及开拓系统方案研究

综合矿区水文地质资料，专注地面防治水和井下防治水的特点，研究矿山可能的开拓方案；对比分析可行的延伸现有竖井的开拓方案及延伸现有盲斜井开拓方案，分别从水文地质因素、防治水方法及技术措施、下掘工程量及施工难度、井下防水安全风险因素等诸多方面进行论证，最后从矿山防治水角度选出最适合本矿区水文地质条件的延伸开拓方案。

1.3.3 技术路线

本次研究的技术路线如图1-1所示：

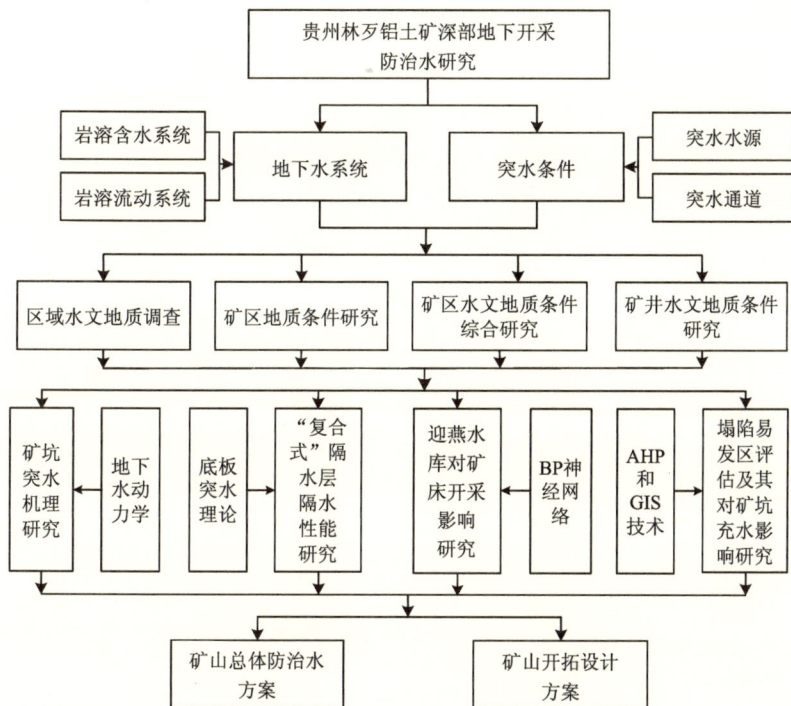

图1-1 技术路线图

首先，广泛收集矿山运行中最新的水文地质相关资料，整理分析区域水文地质条件。以路线调查法为主，修测区域水文地质图，初步建立研究区的水文地质概念模型；以1:1000巷道地质图为底图，对井下所揭露岩层含水性、隔水性进行划分，并对断层构造、节理裂隙、岩溶发育、巷道出水点等地质及水文地质现象进行测量编录。

其次，布置水文地质观测孔，观测地下水流场，建立矿区地下水网络(岩溶水系统)基本模式；收集矿井实际排水资料，分析竖井掘进至1190 m中段马头门时，发生竖井淹井事故的突水机理，识别突水因素。此外，预测延伸现有盲斜井至最低开采中段1040 m 中段时的最大和正常涌水量；排除原拟定的大口径抽水试验方案。

再次，总结分析矿坑延伸开采至 1040 m 最低中段时的潜在突水威胁，即栖霞—茅口组灰岩的突水威胁、迎燕水库的库区水威胁以及通过塌陷新途径的地表水灌入矿坑威胁，分别进行专题评价。这三种突水威胁专题分别为"复合式"隔水底板在开采至 1040 m 中段时的隔水性能，运用 BP 神经网络评估迎燕水库渗漏量和结合 AHP 和 GIS 技术评价矿区塌陷易发区评价模型，评估"复合式"隔水底板完好和假设遭受破坏两种状况下的塌陷充水威胁。

最后，基于上述研究成果，对矿井的整体防治水方案展开技术对比，提出经济合理、安全可靠的采矿开拓方案。

第 2 章　研究区概况

2.1　自然地理

2.1.1　交通位置

研究区属贵州省清镇市站街镇（图 2 - 1），位于清镇市北 19 km 清—毕公路中途站，站街东北侧约 2 公里。位置为东经 106°22′16″—106°24′45″，北纬 26°39′41″—26°40′26″。研究区交通以公路为主，比较便利。

2.1.2　气象及水文条件

2.1.2.1　气象

区内气候温和，属贵州高原，暖温潮湿气候，无酷暑严寒。秋冬时期连绵阴雨，春末夏初偶见冰雹。区内 5—9 月为雨季，雨季降雨量占整年降雨量的 65%；平均年降雨量为 1195.3 mm，日最大降雨量达 232.6 mm。多年平均气温为 14℃，最高为 34.5℃，最低为 -8.7℃；月平均气温最高达 27.4℃，最低为 1.3℃。多年平均蒸发量为 1392.0 mm，最高为 196.6 mm（7 月），最低为 47.8 mm（1 月），相对湿度为 82%，风速一般为 2~4 m/s，夏秋季为东南风，冬春季为东北风。

2.1.2.2　水文

研究区地表河流有燕龙河及莎拉河，属乌江流域的鸭池河水系；水库有迎燕水库、龙泉坡水库，另有零星池塘、溪沟等。

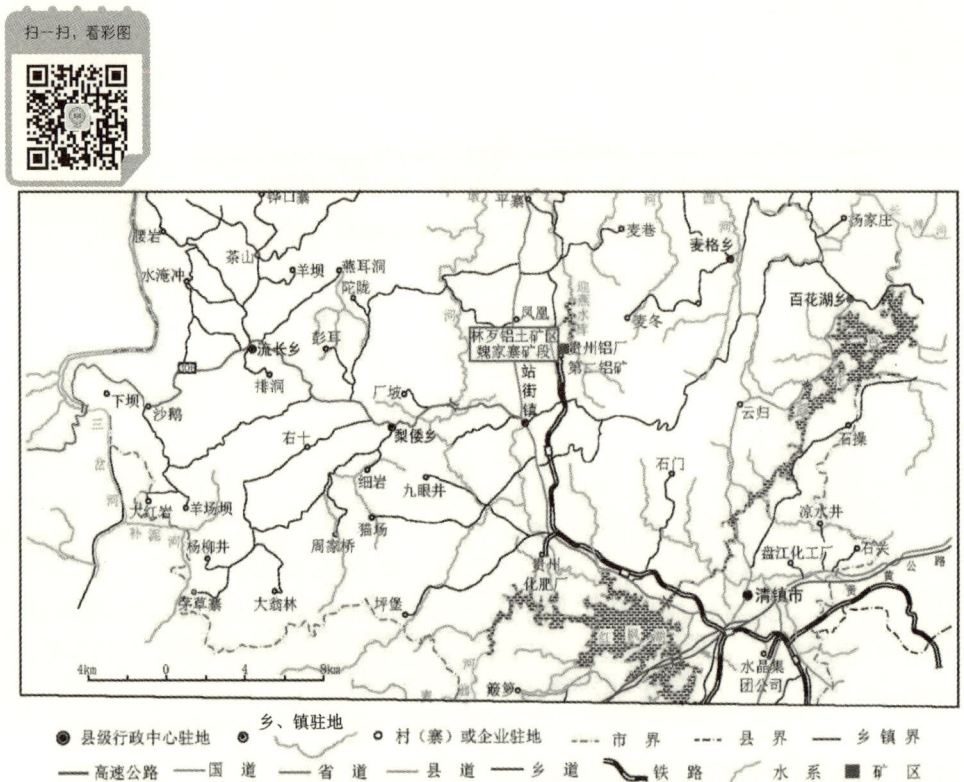

图 2-1 研究区地理位置图示意图

萨拉河发源于李家冲，由南向北流经矿区，汇水面积约 5.05 km²，流入矿区处标高为 1328 m，流出矿区处标高为 1283 m。萨拉河流在北风井以北约 500 m处，流向由北转向东，横切摆佐组灰岩，该河虽不会对矿井产生直接倒灌，但会形成渗流。据 2007 年 12 月 14 日测 Y59 号断面流量约为 37.10 L/s；同月测燕龙河的 Y60 断面的流量约为 32.00 L/s。

燕龙河位于矿区东侧，发源于茶山大坡南北两侧，由南向北流，进入矿区处标高为 1304 m，流出矿区处标高为 1275 m。1974 年在河流主干道筑坝，坝高设计为 50.5 m，坝顶高程为 1292.5 m，形成迎燕水库，设计库容为 675 万 m³。燕龙河通过迎燕水库后继续向北蜿蜒流动，于刘家湾附近汇入跳登河，至暗流乡潜入地下，沿北东向暗河排入猫跳河，暗河出口处标高为 848 m，距研究区约 23 km。

研究区南侧分布李家冲—中寨分水岭，分水岭近东西向，分水岭以南的地表水向红枫湖汇集，红枫湖距研究区约 12 km，湖面标高一般为 1241 m。

2.1.3　地形地貌

2.1.3.1　区域地形地貌

区域层状台面发育,台面附近多深切河谷,属山原岩溶地貌,高程一般为 1000~1500 m,详图请扫描左侧二维码(图 2-2)。河流切割一般较深,形成河流峡谷地貌;碎屑岩区域则以侵蚀为主,冲沟发育,多形成槽谷丘陵地貌,河谷多呈"V"字形。

区域最高点位于区域东南部,林歹矿区东侧的茶山大坡,标高为 1488.0 m,最低点位于北部跳登河河谷,标高约为 1140.0 m,相对高差为 348 m。区域分水岭位于龙泉坡水库以南山脊,走向为北东—南西,分水岭以北地表水流向跳登河,以南流入红枫湖。

2.1.3.2　矿区地形地貌

研究区处于三面环山、开口向北的狭长槽谷中,一般标高为 1220~1450 m,地形为浅切割中低山区。矿系出露于近南北向的山脊上,山脊标高为 1380~1458 m。矿区为一南北向倒转单斜构造,倾角约为 70°,其单斜长轴走向与构造线一致,矿区含矿岩系出露于一近南北向的山脊上。

矿区西侧为萨拉河谷地,地面标高为 1285~1333 m;谷地西侧为丘陵缓坡,地面标高为 1340~1380 m;西侧分水岭标高为 1419~1422 m。

矿区东侧为燕龙河谷地,谷底标高为 1275~1304 m;东为老鹰岩—茶山大坡分水岭,标高为 1589~1762.7 m。

矿区南侧为李家冲—中寨分水岭,标高为 1400~1524 m,分水岭之南为山原岩溶洼地岩溶地貌,山顶标高为 1400~1461 m,洼地标高为 1320~1350 m。矿区北侧为燕龙河谷地及两侧的鱼脊状分水岭。谷底标高为 1219~1275 m,山脊标高为 1400~1423 m。

2.2　区域及矿区地质条件

2.2.1　区域地质条件

区域大地构造属江南古台坳北部,处于鄂湘黔下古生界台坳中的黔中拱坳断束南缘与滇黔桂上古生界台坳之过渡区。出露地层多为古生界、中生界的碳酸盐岩,缺失奥陶系、志留系、泥盆系地层。石炭纪铝土矿主要分布于贵州中部。

2.2.1.1 区域地层

研究区范围出露地层由老至新有震旦系的薇江群($Z_a j$)和上统灯影组($Z_b d$)，寒武系的牛蹄塘组($\mathcal{C}_1 n$)、明心寺组($\mathcal{C}_1 m$)、金顶山组($\mathcal{C}_1 j$)及清虚洞–高台组($\mathcal{C}_1 q + \mathcal{C}_2 g$)，石炭系的九架炉组($C_1 j$)及摆佐组($C_1 b$)，二叠系的梁山组($P_1 l$)、栖霞–茅口组($P_1 q + P_1 m$)、龙潭组($P_2 l$)、长兴组($P_2 c$)和大隆组($P_2 d$)，三叠系的大冶组($T_1 d$)、安顺组($T_1 a$)、关岭组($T_2 g$)及杨柳井组($T_2 yl$)和第四系($Q$)。

2.2.1.2 区域构造

研究区域范围构造带主要为北北东向，断裂发育，多见褶皱。断裂多为正断层，剪切角度多为高角度，次生断裂方向多为北东东向，断层相互交错切割出很多构造块体。按其力学性质主要有压性逆冲断裂、张扭性断裂、压扭性断裂三类。区内褶皱一般呈开阔平缓的长轴背斜和向斜，仅清镇龙头山一带形成箱状褶曲—龙头山背斜及其两侧的向斜，褶皱构造常被断层破坏，在清镇龙头山以西往往形成多条单斜构造。

2.2.2 矿区地质条件

2.2.2.1 矿区地层

林歹矿区位于站街倒转向斜东翼，地层走向近南北，倾向东，倾角为66°~82°。地层由老至新，具体描述如下：

（1）寒武系金顶山组（$\mathcal{C}_1 j$）：主要为页岩、砂质页岩、粉质砂岩，具有分层现象。中下部灰黄色，主要为泥质砂岩、云母砂岩，零星分布铁质砂岩和鲕状灰岩；上部灰绿色，主要为页岩、砂质页岩，局部夹泥质灰岩。分布于矿区东侧，厚200~290 m。

（2）寒武系清虚洞–高台组（$\mathcal{C}_1 q + \mathcal{C}_2 g$）：为林歹铝土矿系的直接顶部，分布于矿区东侧。按岩性可分为三层：

上层：上段灰红色，主要为泥质白云岩、白云质灰岩；中下段主要为白云岩，底部展布黑色页岩。一般厚55~70 m。

中层：灰色，主要为白云岩，底部展布泥质白云岩，局部夹泥岩，厚120~140 m。

下层：灰色块状白云岩、白云质灰岩，底部含泥质，风化面呈黑色。具刀砍状裂纹。厚65~148 m。

（3）石炭系九架炉组（$C_1 j$）：包括铁矿系和铝矿系。铁矿系主要为铁质页岩。铝矿系主要为铝土矿，间夹结核状或透镜状赤铁矿。包括铝土页岩、铝土岩和铝土矿。厚 0.9～10.0 m，其中铝土矿平均厚度达 3.60 m。

（4）石炭系摆佐组（C_1b）：主要为灰白色石灰岩，间夹白云岩，为含矿系的直接底板，岩溶较不发育。分布于矿区中部，厚 48～75 m。底部常含厚 1～3 m 的铝质灰岩。

（5）二叠系梁山组（P_1l）：分布于矿区中部，也成为矿区疏干的有效隔水边界。上部主要为石英砂岩、连续分布的砂质页岩及页岩，中部主要为灰白色石英砂岩，常夹黑色页岩，底部为黑色页岩或黏土质页岩，厚 16～23 m。

（6）二叠系栖霞－茅口组（$P_1q + P_1m$）：在矿区西部展布。按岩性不同自下而上可分为五段：

第一段（P_1q^1）呈灰黑色，主要为炭质页岩与生物碎屑灰岩互层，下部分布层面燧石结核。厚 16.3～21 m。

第二段（P_1q^2）呈灰黑色，中厚层生物碎屑灰岩，下部零星分布层面燧石结核，厚 51.2～63.9 m。

第三段（P_1q^3）呈深灰色，为厚层状灰岩，下部零星分布层面燧石结核。厚 38.8～43.3 m。

第四段（P_1m^1）灰色，主要为块状灰岩，局部夹白云质灰岩，存在风化现象，厚 42.3～58.7 m。

第五段（P_1m^2）呈深灰色，主要为厚层生物碎屑灰岩。厚 85.2～92.9 m。

（7）二叠系龙潭组、长兴组及大隆组（$P_2l + P_2c + P_2d$）：在矿区西侧展布，其中龙潭组主要为页岩，夹燧石灰岩和可采煤层 2～3 层；长兴组主要为块状灰岩，零星分布少量页岩；大隆组主要为页岩。厚 200～278 m。

（8）三叠系大冶组（T_1d）：主要为灰白色中厚层灰岩，夹薄层页岩，分布于矿区西侧，厚 170～200 m。

（9）三叠系安顺组（T_1a）：分布于站街向斜两翼，下部为灰白色厚层状白云岩，厚 110 m，上部为灰色泥质白云岩，厚 100 m。

（10）三叠系关岭组（T_2g）：分布于站街向斜轴部，底部为黄绿色水云母黏土岩。下部为灰绿色页岩，中部为灰色泥灰岩，上部为灰色白云质灰岩及白云岩。厚 170 m。

（11）三叠系杨柳井组（T_2yl）：灰白色，主要岩性为白云岩及泥质白云岩，分布于站街向斜轴部。厚 220 m。

（12）第四系（Q）：按其成因可分为三类。

冲洪积层（Q^{al+dl}）：分布于各河流谷地及较大的冲沟内，厚 5～27 m，为灰黄色亚黏土和亚砂土，内含 5%～30% 的砾石和角砾。

残坡积层（Q^{el+dl}）：分布于山坡上，为棕黄色、棕红色亚黏土和黏土，内含 5%～20% 的角砾碎石。

人工堆积层(Q^{ml})：分布于含矿系两侧山坡上及冲沟内，为开矿堆弃的废渣，以碎石、块石、角砾为主。

2.2.2.2 矿区构造

通过对林歹矿区魏家寨矿段井下裂隙调查统计，裂隙主要以北东向为主（40°~80°），其次为南东向（150°~180°）。

（1）矿区构造形态

①站街向斜：南起清镇平坝未寨，北经站街至卫城，长约 20 km，轴向近南北，轴部宽缓，出露地层为三叠系中统，地层倾角为 5°~10°。东翼地层倒转，形成林歹倒转单斜，倾角为 65°~80°；西翼地层平缓开阔，倾角为 10°~20°。出露地层依次为三叠系下统、二叠系上统、二叠系下统。

②林歹倒转单斜：南起清镇林歹李家冲，北至牛奶冲，被和尚田断层切割，长 21 km，走向近南北，向东倾斜，倾角为 65°~80°。研究区位于构造南段，系铜鼓坝背斜西翼的北延部分被其间的李家冲正断层破坏使之成为倒转单斜，倾角为 65°~75°。出露地层有清虚洞 – 高台组（$\mathbb{C}_1 q + \mathbb{C}_2 g$）、九架炉组（$C_1 j$）、摆佐组（$C_1 b$）、梁山组（$P_1 l$）和栖霞 – 茅口组（$P_1 q + P_1 m$），第四系（Q）散布于上述地层之上。

（2）断裂

矿区内构造发育，断裂密集，按其力学性质可分为三类，如表 2 – 1 所示，矿区断裂构造位置图请扫描右侧二维码（图 2 – 3）。

①压性逆冲性质：断裂走向近南北，倾向东，倾角为 67°~78°。

②张扭性质：断裂走向近东西，倾向北或南，倾角为 64°~87°。

③压扭性质：断裂走向北东、倾向南东或走向北西、倾向北东，倾角为 55°~87°，如 F_{25}、F_{29}、F_{30}、F_{31}、F_{32}、F_{34}。

（3）节理

①垂直层面节理：走向北北西，倾向西，倾角为 12°~35°；

②垂直岩层走向节理：近东西向，倾角将近 90°；

③北东向节理：走向北东，倾角将近 90°；

④北西向节理：走向北西，倾角将近 90°。

另外，区内层面裂隙发育，可见擦痕；含矿岩系铝质岩段裂隙率为 0.9%，2.5 条/m^2。

表 2 - 1 林歹矿区断层统计表

断层	位置	断层性质	断层产状			断层特征	备注
			切面倾向	切面倾角	水平断距		
F_{24}	魏家寨矿段	斜交逆平移同斜逆断层	86°	74°	8 m	切面一般是沿层面滑动,在CK148 及 CK72 孔均见到。在OP125 附近有一老洞,老洞中矿层位置与 OP125 中矿层位置是不连续的,有错动现象	产状按三点控制图解
F_{25}	魏家寨矿段	斜交正平移同斜正断层	149°	89°	21 m	切面上下盘含矿系相对位移明显,但在 WT2 平坑却只有轻微错动。向西延伸为 F17	产状按三点控制图解
F_{27}	魏家寨矿段	斜交正平移异斜上冲断层	183°	64°	10 m	断层露头不明显,仅见含矿系有错动现象,而在 WT2 平坑较明显。在 CK146 南有断层泉。向东西两端延伸情况未查明	产状按三点控制图解
F_{29}	魏家寨矿段	斜交正平移异斜下滑断层	310°	90°	3 m	断层露头不明显,仅含矿系有不连续现象,很难确定是有断层形成还是喀斯特陷落造成。在 WT2 平坑仅见到含矿系有轻微的走向变化	产状按三点控制图解
F_{30}	魏家寨矿段	斜交正平移异斜上冲断层	335°	63°	2 m	在 K327 槽中可见切面上下盘错动现象	产状实地量取
F_{31}	魏家寨矿段	斜交正平移同斜正断层	25°	80°	10 m	切面露头不明显,在 WT3 和 WT1 平坑中,切面上下盘相对移动是很明显的。切面倾角在 WT3 平坑以下稍变小	产状按三点控制图解
F_{32}	魏家寨矿段	斜交逆平移异斜下滑断层	201°	59°	4 m	仅在矿体露头上可见到切面上下盘错动现象	产状实地量取
F_{33}	魏家寨矿段	斜交逆平移同斜逆断层	60°	70°	4 m	切面露头在 K316 及 K317 之间不明显,在 K97 探槽中稍可见到,但不够明显,仅可见到含矿系错动和切面上下盘产状不同的现象	产状实地量取
F_{34}	母猪冲矿段	斜交逆平移同斜逆断层	45°	55°	8 m	切面露头上下盘移动现象在含矿系部分很明显,在 K96 探槽中上下盘铁矿系形成拖拉或小背斜	产状按切面与地形关系图解

2.2.2.3 矿床地质特征

矿区为南北走向的单斜构造，倾角约 70°。铝土矿赋存于石炭系九架炉组岩层，厚 0.3 ~ 44 m，上部为铝土矿含矿系，下部为铁矿含矿系。

铝土矿含矿岩系由铝土质页岩、铝土矿、铝土岩组成，厚 0.3 ~ 24 m。铝土矿呈层状或透镜状产于含矿岩系中部，矿体长 400 ~ 1000 m，厚 3 ~ 10 m。

矿区铝土矿的矿物成分以硬铝石和软铝石为主，二者含量为 72% ~ 95%，主要化学成分含量：Al_2O_5 为 56% ~ 74%，SiO_2 为 6% ~ 17%，烧失量约为 12%。

铁矿矿物成分以赤铁矿为主，含少量绿泥石，TFe 含量为 40% ~ 56%。

2.3 区域及矿区水文地质条件

2.3.1 区域水文地质条件

区域地下水通过岩溶洼地、落水洞、溶蚀裂隙等岩溶形态接受大气降水和地表水的补给，流向受南北向构造（站街向斜）控制，由南向北，一般沿岩层走向径流。天然条件下，各含水层地下水各成体系。

2.3.1.1 含水层与隔水层

（1）含水层

依据赋存条件、水力特征及赋存岩层差异，将岩层中地下水分为松散岩孔隙水、碎屑岩裂隙水、碳酸盐岩裂隙水、碳酸盐岩溶洞水，如表 2 - 2 所示。

表 2 - 2 地下水类型及岩层富水性

地下水类型	含水岩层		富水性指标			富水等级
	代号	岩性特征	单位涌水量 /[L·(s·m)$^{-1}$]	一般泉流量 /(L·s^{-1})	径流模数/ [L·(s·km^2)$^{-1}$]	
松散岩孔隙水	Q	砂土、碎石、角砾				中等
碎屑岩裂隙水	$\in_{1j}$	页岩、泥质砂岩	0.01 ~ 0.78	1 ~ 2		弱

续表 2 – 2

地下水类型	含水岩层		富水性指标			富水等级
	代号	岩性特征	单位涌水量/[L·(s·m)$^{-1}$]	一般泉流量/(L·s^{-1})	径流模数/[L·(s·km^2)$^{-1}$]	
碳酸盐岩裂隙水	T_1d、P_2、$\unicode{x20AC}_1q$ $+\unicode{x20AC}_2g$、C_1b	灰岩、白云岩	0.012 ~ 0.162	0.5 ~ 2.1	5	中等
碳酸盐岩溶洞水	P_1	灰岩、白云岩	0.016 ~ 0.724	0.02 ~ 4.26	7	强

(2)隔水层

岩层的隔水性能是各种影响因素综合作用的结果,这些因素主要有岩性、厚度及延展分布情况及后期构造作用的破坏程度。一般情况下,一定规模和厚度的黏塑性岩类,如泥岩、页岩,其隔水性能均较好。按沉积组合关系及分布状况,如图 2-4,简述如下:

①二叠系龙潭组(P_2l)隔水岩:灰色、灰褐色,主要为页岩、粉砂岩,在矿区西侧展布,夹燧石灰岩和可采煤层 2~3 层。厚 170~200 m。岩层透水性差,可塑性强,在外力作用下通常只产生变形,不易破碎,具有较好的隔水性能。

②二叠系梁山组(P_1l)隔水岩:主要为砂质页岩、页岩及石英砂岩。下部为浅黄色黏土质页岩或黑色页岩。中部灰白色,主要岩性为石英砂岩,中 – 厚层状,常夹页岩,上部黑色,主要岩性为页岩及砂质页岩。厚 16~23 m。在矿区的魏家寨矿段发育连续且较厚,具有较好的隔水效果。

③石炭系九架炉组(C_1j)隔水岩:主要为黏土岩、铝土岩、铝土矿,含铁质矿系和铝土矿系,厚度变化与底板寒武系岩溶剥蚀面的起伏有关。分布广泛,在天然状态下,隔水性好,受采矿活动破坏,部分地段已不具备隔水性能。

2.3.1.2　区域水文地质单元系统划分

根据区域地形地貌及地质特征等,将区域划分为三个水文地质单元系统(图2-5),即站街向斜区水文地质单元系统、林歹倒转单斜区水文地质单元系统、中寨—燕龙单斜区水文地质单元系统。

时代			代号	岩性	厚度/m	水 文 地 质 描 述
界	系	统				
新生界	第四系		Q		0～30	分布于各老地层之上,由黏土、亚黏土、亚砂土、淤泥、碎石、角砾等组成,按成因可分为冲洪积层、残坡积层、人工堆积层。冲洪积层含少量孔隙水,人工堆积层透水而不含水。
中生界	三叠系	中统	T_2y_1 T_2g		250～350	灰、灰白薄层状白云质灰岩、白云岩、块状灰岩。分布宽广,组成向斜轴部,喀斯特裂隙发育,含水丰富,据前人资料,泉水最大流量为32.48 L/s,最小流量为0.141 L/s,平均流量为1.5 L/s,个别达300 L/s,泉水的露头标高海拔1165～1280 m,地下水循环强烈,因受构造控制而成承压水。
		下统	T_1a		180～220	分布于站街向斜两翼,下部为灰白色厚层状白云岩,上部为灰色灰红色泥质白云岩,属裂隙含水层。
			T_1d		170～200	分布于萨拉河西侧近南北向地表分水岭地带,上部为厚层灰岩,中部为薄层灰岩,下部为薄层灰岩夹页岩,底部有厚5～30 m的页岩夹泥质页岩。岩溶裂隙发育,地表多岩溶漏斗、落水洞,泉水流量为0.2～0.4 L/s,地下径流模数为5 L/(s·km²)。 假整合
古生界	二叠系	上统	P_2d		4～50	灰色硅质岩夹泥质页岩、泥质灰岩及燧石层,为相对隔水层。
			P_2c		10～40	深灰色燧石厚层灰岩,裂隙溶洞发育,泉水流量为1.0～7.0 L/s。
			P_2l		170～200	页岩,砂质、泥质页岩,夹燧石灰岩4～6层,含可采煤2～3层,泉水流水流量为0.01～0.45 L/s,泉水出露标高为1290～1380 m,水质较复杂,属岩溶裂隙水。 假整合
		下统	P_1m P_1q		220～280	灰色、深灰色厚层生物碎屑灰岩、块状灰岩、中至厚层白云岩及白云质灰岩,下部为黑色生物灰岩与炭质页岩互层,下部岩层含水量燧石结核。该层地表岩溶漏斗、洼地、落水洞密布,地下溶洞及暗河发育,富水性强但极不均一,一般泉水流量为0.03～4.57 L/s,单位涌水量为0.015～0.726 L/s,地下水径流模数为7 L/(s·km²)
			P_1l		16～40	上部为页岩、砂质页岩,中部为胶结紧密均粒石英砂岩,底部为黏土质页岩,为隔水。 假整合
	石炭系	下统	C_1b		15～110	灰白色,灰岩、白云质灰岩,局部地区为承压裂隙水,泉流量为0.01～2.72 L/s,单位流量为0.04～0.664 L/s,地下径流模数为6 L/(s·km²)。水质为碳酸盐水。
			C_1j		0.3～44	上部铝土页岩,土状铝土矿,下部为含铁岩页岩夹透镜状赤铁矿,为隔水层。 不整合
	寒武系	中统	$\in_2g$		230～360	高台组由薄层白云岩组成,上、下部含泥质,底部为页岩;清虚洞组上部为厚层白云岩,下部为块状白云岩、白云质灰岩。该层为岩溶裂隙含水层,节理裂隙发育,溶洞发育情况一般,泉水流量一般小于1 L/s,个别达10 L/s,单位涌水量为0.014～0.153 L/(s·m),地下水径流模数为5 L/(s·km²)。
			$\in_1q$			
		下统	$\in_1j$		200～280	上部为页岩、砂质页岩;中、下部为泥质砂岩,夹不稳定鲕状灰岩和铁质砂岩,该组中的砂岩及鲕状灰岩裂隙发育,含裂隙水,泉水流量为0.011～0.79 L/s,个别达3.5 L/s,地下水径流模数为5 L/(s·km²)。
			$\in_1m$		330～490	上部为灰黄及灰绿色页岩夹砂质页岩、云母碎片,下部为灰色黏土页岩、炭质页岩、黑色页岩,对本层未详细调查,据岩性推测为隔水层。

图 2-4 区域水文地质柱状图

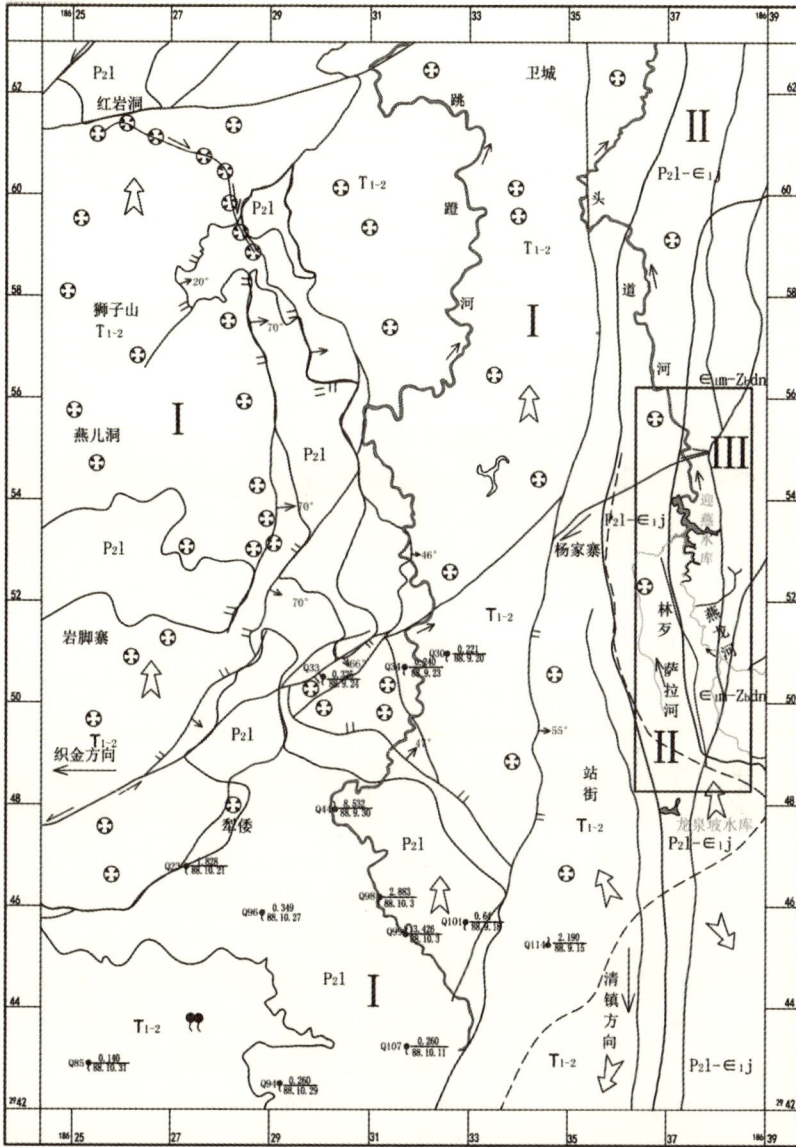

图 2-5 区域水文单元系统分区图

（1）站街向斜区水文地质单元系统（Ⅰ）

站街向斜南起平坝，北至卫城，西至犁倭，东以二叠系龙潭组为界。呈长条形的盆地，汇水面积约为 200 km²，长约 20 km，宽约 10 km，标高一般为 1200 ~ 1340 m。

基岩以二叠系灰岩为主，跳登河贯穿水文地质单元，岩溶个体有落水洞、溶洞、溶孔等形态，密度高达 20 个/km²。地下水流向由南向北，径流模数为 5 ~ 7 L/(s·km²)，泉水流量为 0.14 ~ 50 L/s，个别可达 300 L/s。大气降水为本单元的主要补给源，通过洼地、漏斗、落水洞等转入地下径流场，以地下暗河或渗流的形式流出水文地质单元系统。此单元赋存厚 170 ~ 200 m 的二叠系龙潭组砂质或泥质页岩作为东部隔水边界，故对矿区地下开采无充水影响。

（2）林歹倒转单斜区水文地质单元系统（Ⅱ）

林歹倒转单斜，南起李家冲，北至母猪冲，西与站街向斜相邻，东与中寨—燕龙单斜相依，为一狭长谷地。长 4.2 km，宽 1.2 km，萨拉河从谷底通过，标高为 1283 ~ 1328 m，以栖霞 - 茅口组灰岩、摆佐组灰岩及清虚洞 - 高台组白云质灰岩为主。单元系统东西边界清楚，地下水流向为由南向北，主要为大气降水补给，汇水面积约为 5.04 km²。岩层受非岩溶地层夹层影响，出露面积小，地表多覆盖物，地形坡度陡，不利于岩溶发育，地表岩溶现象少见，但因岩性较纯，局部地段受构造影响，地下岩溶较发育。自然条件下，地下分水岭与地表分水岭基本一致，以破岩—中寨—李家冲近东西向分水岭为界，地下水南北分流。分水岭以南在栖霞—茅口组灰岩岩溶含水层中形成了破岩—长冲河、小寨沟—长冲河、大中寨—下麦坝、李家冲—贵化四条强径流带。地下水受东、西两侧含水层的横向补给，排入百花湖各支流，排泄基准面标高为 1200 m，地下水力坡度为 0.66%；分水岭以北，栖霞 - 茅口组（$P_1q + P_1m$）含水层汇集两侧各含水层地下水后向北运动，最终排入猫跳河和鸭池河。排泄基准面标高分别为 848 m 和 780 m，地下水水力坡度分别为 2.04% 和 2.33%，地下水水质类型为 $HCO_3 - Ca$ 型水和 $HCO_3 - Ca·Mg$ 型水，矿化度一般为 0.14 ~ 0.268 g/L，水质属地下水交替强烈型。

岩层富水性因岩溶的发育差异很不均一，泉水流量一般为 0.0245 ~ 4.756 L/s，个别暗河流量达 1050 L/s。岩层浅部溶隙发育但多被黏土充填，地下水顺层流动，局部以上升泉或下降泉溢出地表；岩层深部区域，岩溶空隙被充填的程度较差，地下水受阻挡较少，能进行远距离的运动，在区域排泄基础面以泉或暗河形式排泄出地表；其他各含水层地下水多在侵蚀谷底以下降泉的形式就地排泄。

（3）中寨—燕龙单斜区水文地质单元系统（Ⅲ）

中寨—燕龙单斜区，南起中寨，北至燕龙，西与林歹倒转单斜水文地质单元系统相邻。汇水面积约为 14.0 km²，长约 7.0 km，宽约 2.0 km，为侵蚀构造浅切割中山区，标高为 1225 ~ 1743 m。燕龙河沿谷底流至迎燕水库后继续向北。主要分布有寒武系明心寺组（$\epsilon_1 m$）及牛蹄塘组（$\epsilon_1 n$），震旦系灯影组（$Z_b d$）。岩体灰岩不纯，岩溶不发育，仅见个别溶洞，地下水以风化裂隙水为主，未能形成地下水系统。泉水流量一般为 0.021～0.82 L/s，个别可达 5.0L/s。

从图 2-5 可以发现贵州林歹矿区属林歹倒转单斜区水文地质单元系统（Ⅱ）。

2.3.2　矿区水文地质条件

矿区地层水文地质特征由新至老依次为：

（1）第四系（Q）：按成因可分为三类，即冲洪积层孔隙水，含少量水；残坡积层，一般不含水，属弱透水层；人工堆积层，透水而不含水。厚 3～20 m。

（2）栖霞—茅口组溶洞裂隙含水层（$P_1 q + P_1 m$）：主要岩性为较纯的碳酸盐类灰岩，中-厚层，厚 234～278 m。出露于萨拉河谷地及以东一带，面积约 1.8 km^2。为了解此含水层的富水性和渗透性，前期共进行了 3 孔和 1 竖井的 11 次降深抽水试验，如表 2-3 所示。

表 2-3　栖霞—茅口组含水层抽水试验成果表

孔号	水位降深 S/m	涌水量 $Q/(L \cdot s^{-1})$	单位涌水量 $q/[L \cdot (s \cdot m)^{-1}]$	平均渗透系数 $K_{cp}/(m \cdot d^{-1})$
CKB1	27.64	0.417	0.015	0.0052
	23.75	0.340	0.014	
	13.11	0.196	0.015	
CKB2	14.56	0.612	0.042	0.0112
	9.56	0.409	0.043	
	2.92	0.126	0.043	
3 号管井	19.60	14.234	0.730	0.506
	18.20	14.234	0.780	
	17.45	14.234	0.820	
竖井	19.50	37.680	1.920	
	31.12	59.530	1.910	

从表 2-3 中可以发现，遇到溶洞的抽水孔单位涌水量为 0.82 L/(s·m)，未遇到溶洞的抽水孔单位涌水量为 0.015～0.042 L/(s·m)；竖井未遇到溶洞时单位涌水量为 0.025 L/(s·m)，遇溶洞突水后单位涌水量约为 1.92 L/(s·m)。地

下水流向由南向北，局部呈有压管道流，水位标高为 1313～1298 m，水力坡度为 0.84%，最终排泄至距矿区约 23 km 的猫跳河。地层中掘进的巷道长约 621.1 m。

（3）梁山组隔水层（P_1l）：梁山组分为三段，上段主要为黑色页岩，夹砂质页岩，中段为石英砂岩，下段为泥质页岩，夹黑色页岩。厚 16～23 m。页岩的隔水性能较好，砂岩岩性硬脆，节理发育，一般发育三组，节理间距为 0.1～1.2 m，宽 1～30 mm。地层中掘进巷道长约 22.58 m。

（4）摆佐组裂隙溶洞含水层（C_1b）：主要为灰岩、白云质灰岩，厚 48～75 m，出露于山脊上，储水空间以溶蚀裂隙、溶孔为主。抽水试验结果，魏家寨矿段（矿区中部）富水性较弱，钻孔单位涌水量为 0.00382～0.03427 L/(s·m)，李家冲矿段（矿区南部）富水性中等，钻孔单位涌水量为 0.161～0.3556 L/(s·m)，母猪冲矿段（矿区北部），富水性极强，钻孔单位涌水量为 0.09626～2.084 L/(s·m)。岩体地下水总流向为南向北流，水位为 1229～1208 m，水力坡度约为 3%。地层中巷道掘进长约 2738 m。

（5）九架炉组隔水层（C_1j）：含铝质矿系和铁质矿系，主要由铝土页岩、铝土岩、铝土矿、铁质页岩等组成，厚 0.3～44 m。在魏家寨矿段隔水性能较好，受采矿崩落及断层错切，局部失去隔水性能。巷道在该地层中掘进 3 m。

（6）清虚洞 - 高台组岩溶裂隙含水层（$\mathcal{C}_1q + \mathcal{C}_2g$）：主要为薄 - 中厚层的白云岩或白云质灰岩，分布于矿区东部斜坡地带，厚 233～360 m。节理裂隙发育，以溶蚀裂隙水为主，富水性弱至中等，在该岩层进行了 8 孔 21 次降深的抽水试验，结果如表 2 - 4 所示。从表中可以发现，钻孔单位涌水量 0.0011～0.1526 L/(s·m)。地层中掘进巷道长约 137 m。

表 2 - 4　林歹矿区清虚洞 - 高台组含水层抽水试验成果表

孔号	水位降深 S/m	涌水量 Q/(L·s^{-1})	单位涌水量 q/[L·(s·m)$^{-1}$]	平均渗透系数 K_{cp}/(m·d^{-1})
CK46	8.10	0.146	0.018	0.009
	3.98	0.078	0.020	
CK67	21.66	0.023	0.001	0.0006
	14.52	0.017	0.001	
	8.48	0.012	0.001	
CK107	4.07	0.405	0.100	0.873

续表 2 - 4

孔号	水位降深 S/m	涌水量 $Q/(\mathrm{L}\cdot\mathrm{s}^{-1})$	单位涌水量 $q/[\mathrm{L}\cdot(\mathrm{s}\cdot\mathrm{m})^{-1}]$	平均渗透系数 $K_{\mathrm{cp}}/(\mathrm{m}\cdot\mathrm{d}^{-1})$
CK108	15.31	2.334	0.153	0.118
	11.16	1.975	0.177	
	5.46	1.194	0.219	
CK131	7.03	0.124	0.018	0.092
	5.80	0.108	0.019	
	3.52	0.072	0.021	
CK132	23.56	0.321	0.013	0.012
	18.87	0.265	0.014	
	13.95	0.212	0.015	
CK144	29.37	0.091	0.003	0.004
	22.65	0.071	0.003	
	15.75	0.051	0.003	
CK145	26.69	1.114	0.042	0.021
	20.91	0.995	0.048	
	11.92	0.680	0.057	

(7)金顶山组裂隙含水层($\in_{1}j$):主要分布于矿区东部分水岭东侧,厚 200～290 m。岩体中砂岩及鲕状灰岩裂隙发育,含裂隙水,泉水流量为 0.012～0.78 L/s,个别可达 3.6 L/s。迎燕水库库底基岩即为此岩层。

2.4　矿区岩溶发育规律

贵州省范围内碳酸盐岩广泛出露,面积达全省的 74%,累积厚度达 3500～12000 m。研究区除寒武系下统外,石炭系、二叠系、三叠系地层均以碳酸盐岩为主,地表岩溶形态有洼地、落水洞、漏斗、溶丘等;地下岩溶形态有岩溶泉、溶孔、溶洞、地下暗流、集中径流带等。

2.4.1 岩溶发育历程

研究区自震旦系、寒武系沉积后，上升为陆地，缺失奥陶系、志留系及石炭系下统。在漫长的地质年代，地壳遭受剥蚀、溶蚀作用，在中上寒武统灰岩顶面发育古岩溶剥蚀面，形成岩溶平原，有利于铝土矿和铁矿富集。

中生代末期，研究区发生燕山运动，大多地区褶皱成山，随后处于稳定时期，长期遭受剥蚀、溶蚀，地表形成高原地形；早第三纪后发生喜马拉雅造山运动，地壳再度上升，剥蚀和岩溶化作用强烈；第四纪初到近代，地壳继续上升，地表水系(乌江、跳登河、猫跳河、燕龙河等)开始形成，发展很快，河水急剧下切，岩溶继续发展。

2.4.2 岩溶发育特征

2.4.2.1 岩体纯净程度决定岩溶发育强弱

栖霞－茅口组($P_1q + P_1m$)按岩性可细分为五段，第一段为生物碎屑灰岩与炭质页岩互层，岩溶发育程度较弱，以直径$0.1 \sim 0.2$ m的小溶洞和密集的裂隙为主；第二段至第五段为灰白色，灰岩，厚层状，溶洞及裂隙强发育。据钻孔资料，垂直方向线岩溶率为4.03%~46.5%；摆佐组线岩溶率达21%，而浅孔见洞率高达39%；清虚洞－高台组，下段主要为薄层白云岩及泥质白云岩，夹白云质灰岩；中上段为白云岩和白云质灰岩，厚层状局部含泥质灰岩，岩溶不甚发育。

2.4.2.2 地质构造控制岩溶发育程度

主要表现为以下5个方面：

(1)断裂：断裂是由地壳构造运动产生的地层破坏，不仅断裂位置岩体破碎，断裂上下盘断裂面两侧也因应力作用，产生破碎，形成大量裂隙，为地下水提供了良好的运移通道。例如，竖井马头门所揭露的1#、2#溶洞，高达29 m、40 m，宽$1.0 \sim 1.4$ m，均发育在北东、北西向扭性断裂带上。因此，断裂地带岩溶显著发育。

(2)节理裂隙：岩体在构造运动中产生有一定规律的节理裂隙，从而为水流的溶蚀提供通道和条件。随着溶蚀的增大和加速，逐渐形成较具规模的岩溶形态。节理裂隙的最初发育方向和发育程度往往决定了岩溶发育的方向和规模，特别是在节理裂隙交错部位，岩溶发育强烈。分析1290 m中段和1240 m中段的矿井水文地质测量结果，可知小溶孔均沿节理裂隙延伸方向发育。

(3)褶皱：背斜或向斜轴部往往裂隙密集，岩溶也强烈发育。背斜轴部，张性节理发育，地层上部开裂，为地下水提供了近垂向的密集运移通道，地下水垂向下渗，并向两翼溶蚀扩展；向斜轴部，岩层上部虽多为闭合状态，但是邻近向斜下渗的地下水可沿着地层层面汇集于向斜轴部，加之向斜轴部岩层下部裂隙发育，轴部岩层中往往岩溶也较发育。例如，站街向斜轴部发育众多洼地、漏斗、落水洞。根据现场调查，共发现出露泉水 36 个，最大流量为 300 L/s，最小流量为 0.01 L/s，泉水汇集形成跳登河。

单斜地层，岩溶一般顺层面发育。据 1989 年在萨拉河槽谷内开展的水文物探工作，发现此区域有长 1.85 km，宽 300 m 的低阻异常带。

（4）岩层产状：岩层产状决定着水流方向和水流速度，因而决定着岩溶发育强烈程度。研究区摆佐组灰岩、白云岩，栖霞－茅口组（$P_1q + P_1m$）灰岩，岩层倾角均在 70°左右，两组地层中上部地段岩溶均较发育；钻孔接近九架炉组和梁山组分界面时，岩溶都比较发育，说明地下水流动在分界面处受阻，改沿岩层面流动，促进岩溶发育。

（5）新构造运动影响岩溶发育特征。新构造运动的地壳抬升区域，岩溶侵蚀基准面强烈下切，地下水此时的流向多为垂直向下，岩溶发育特征也多为垂直发育。例如，矿区附近乌江支流——猫跳河，上中游河谷开阔平缓，下游急剧下切，形成深谷，河床变陡，河流袭夺明显。河流为适应侵蚀基准面，常在下游进入岩溶洞穴成为伏流。河流落差约为 250 m。

2.4.2.3 岩溶与地形地貌关系

地形地貌也一样地控制着水流方向和速度，影响岩溶发育特征。例如，林歹矿区地形坡度为 40°～50°，地表岩溶少见；地形平缓或有易渗透的覆盖层区域，减慢地表径流的速度，地下水缓慢入渗，在地下形成地下径流，此类型地形地貌，岩溶通常较发育，不同岩溶形态也有较多分布。例如，清镇至卫城一线，地形较平缓，常见漏斗、落水洞、洼地、溶洞等岩溶现象。

2.4.3 岩溶地下水垂直分带

岩溶地下水垂直分带和深成岩溶的研究，对于矿井深部开拓、供水及水利水电工程有重要的工程实践意义。依据矿区水文地质特征，结合 40 多年来南方矿区的研究经验，本节将研究区地下水运动分为 4 个带，如图 2－6 和表 2－5 所示。具体描述如下：

（1）浅层渗透带（Ⅰ）：此带位于地下水高水位以上，地下水主要是沿着垂直方向的裂隙下渗。

（2）季节性波动带（Ⅱ）：在地下水位处于季节的高位时，地下水一般进行水平运移；当处于季节的低位时，则进行垂直运移。此带随气候呈周期性变化，多数较大岩溶在此带发育。

(3)全饱水带(Ⅲ)：此带不受季节性水位影响，全年处于水位面以下，通常以季节最低水位以下划定。地下水常以水平运动的方式向河谷运移，地下水径流地带常形成水平岩溶管道或地下暗河。

(4)深部循环带(Ⅳ)：此带不受当地河流影响，由于地下水交替缓慢，一般情况下岩溶不发育。

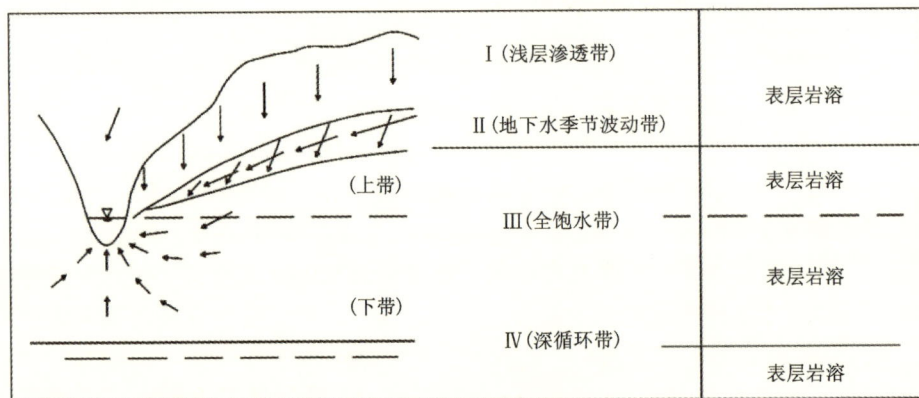

图 2-6 岩溶水分带图

表 2-5 矿区岩溶地下水垂直分带表

代号	名称	含水层及原始水位/m	据1963年前资料/m	据2011年水文地质钻孔资料/m	据2011年矿井水文地质资料/m	岩溶发育强度	当地侵蚀基准面
Ⅰ	浅层渗透带	摆佐组 1328~1331 栖霞－茅口组 1317	1327 m 以上				萨拉河下游标高 1283 m
Ⅱ	季节波动带		1327~1285	1297~1283	1290	最发育	猫跳河河面标高 848 m
Ⅲ	全饱水带		1285~1185	1283~1040	1240~1190	发育	
Ⅳ	深部循环带		970			不发育	

由表 2-5 可知：在 1327 m 标高以上，岩溶地下水以垂直运动为主；1327~1283 m 标高为季节变动带，岩溶最为发育，溶洞多被黏土充填；1283~1040 m 标

高为水平运动带，构造发育地段岩溶发育，其他地段岩溶不发育；1040 m 标高以下为深部循环带，岩溶发育深度应受猫跳河侵蚀基准面控制。林歹铝土矿区自中生代以来，地壳始终处于间歇性抬升期，没有下陷盆地，因此，深岩溶应以目前河水位标高控制为准，即岩溶下限标高为区域最低侵蚀基准面 848 m。

2.5　矿区地下水基本模式

2.5.1　岩溶地下水系统

矿区地下水以岩溶集中带(强径流带)为主要通道，岩溶裂隙为次要通道，通过运移、循环和排泄，形成自身的一套存储、径流和排泄体系，即岩溶地下水系统。

(1)地表水入渗补给量

矿区汇水面积约 5.04 km²，南北长约 4.2 km，东西宽约 1.2 km，其中清虚洞—高台组及摆佐组约 1.6 km²。矿区多年平均降雨量为 1192.6 mm；岩溶裸露区降水入渗系数按经验类比法取 0.4。

地表水入渗补给量按照式(2-1)进行计算：

$$Q = h \cdot s \cdot u \qquad (2-1)$$

式中：Q 表示入渗补给量，m³/a；h 表示降雨量，m/a；s 表示汇水面积，km²；u 表示降雨入渗系数，为 0.4。

将实测数据代入式(2-1)，得到矿区年平均接受降雨入渗补给量为 $Q_{矿区}$ = $5.04 \times 10^6 \times 1.192 \times 0.4 = 240 \times 10^4 \text{m}^3$。

(2)流经矿区地表水流量

萨拉河是流经矿区的唯一地表水，区内长度为 4 km。1963 年 8 月 10 日曾测得萨拉河流量为 5.94×10^3 L/s，2011 年 12 月 14 日测得萨拉河流量为 37.20 L/s。萨拉河是矿区唯一的地表水排泄途径，也是地下水排泄汇集点，河床附近泉水多为下降泉。

(3)矿区地表水补给地下水的方式

矿区地表水补给地下水的方式包含点状集中补给和线状补给两种。矿区地层倾角陡，地表水沿岩层走向以线状方式补给地下水；点状补给包括沿岩溶塌陷点和露天采场遗留的采矿点，这些区域形成多个大小不等、深浅不一的凹坑或洼地，地表水在这些地段以点状形式集中补给地下水。

岩溶地下水系统是汇集和排泄地下水的水文系统，是由孔隙、裂隙、溶洞等岩溶空间介质组成的复合体系，对地下水的储存、传输、转换起到调节和汇集作用。研究区内,大气降水为矿坑充水主要来源,目前露天采矿场和岩溶塌陷点状补给已对矿坑构成较大威胁,萨拉河未参与矿坑水量循环。

2.5.2 地质构造的水文地质意义

研究区地质构造格局主要受燕山期地壳运动控制,区域主要断裂构造轴线为近南北向,次级为近北东向和北西向。地区构造应力场网络控制构造变形网络,而构造变形网络又控制并影响岩溶地下水网络。矿区主构造及次生构造附近即为岩溶发育地段,也是岩溶地下水富集区。根据地质构造应力场分析,结合矿区实际勘探及矿山巷道揭露情况,可得研究区岩溶地下水网络属"米"字形模式。

矿区地下水模式受构造体系控制。东西向压性构造面,往往形成南北向的阻水界面,褶皱轴部的纵向张裂隙往往成为良好的导水和富水带。因此,矿区地下水流向由南向北,岩层层面裂隙及顺层方向溶洞发育,北东、北西向张扭性断裂发育;由非可溶岩组成的梁山组受到压密,其阻水性能更佳;被梁山组隔水层分隔的两个含水层,地下水运动自成体系。

2.5.3 地下水动态变化特征

林歹铝土矿前期施工的地下水位观测孔基本都被破坏。为了取得各含水层真实可靠的地下水位,本研究新增水文地质观测孔 10 个,通过分析矿区地质特征和水位统计,得到研究区范围地下水流动示意图,详图请扫描右侧二维码(图 2 - 7)。新增观测孔水位值与 1963 年的矿区原始水位对比信息如表 2 - 6 所示。

扫一扫,看图2-7

表 2 - 6 1963 年与 2011 年各含水层水位对比表

含水层	1963 年观测水位/m	2011 年观测水位/m	水位累计下降值/m
寒武系清虚洞 - 高台组	1271.41 ~ 1352.44	1256.43 ~ 1291.48	14.98 ~ 60.96
石炭系摆佐组	1287.79 ~ 1331.91	1208.76 ~ 1253.55	34.24 ~ 123.15
二叠系栖霞 - 茅口组	1305.98 ~ 1317.44	1309.12 ~ 1313.55	3.14 ~ 3.89

注:迎燕水库坝顶高程为1292.5 m,泄洪口标高为1290 m,常年蓄水水位为1284 ~ 1290 m。

2.6 小结

通过本章节研究,得到结论如下:

(1)九架炉组(C_1j)为研究区的目标开采矿层。直接底板为摆佐组(C_1b)裂隙含水层,间接底板为梁山组(P_1l)页岩隔水层,间接充水含水层为栖霞-茅口组($P_1q + P_1m$)灰岩,该含水层严重威胁矿坑开采;

(2)根据研究区地质特征,区域水文地质可划分为三个水文单元系统,分别为站街向斜区水文地质单元系统(Ⅰ)、林歹倒转单斜区水文地质单元系统(Ⅱ)、中寨—燕龙单斜区水文地质单元系统(Ⅲ);研究区处于第Ⅱ水文地质单元系统——林歹倒转单斜区水文地质单元系统;

(3)林歹矿区岩溶地下水按"米"字形网络分布,垂向运动可按"四带"划分,即浅层渗透带(Ⅰ)、季节性波动带(Ⅱ)、全饱水带(Ⅲ)和深部循环带(Ⅳ),矿区岩溶发育下限标高为848 m;

(4)在自然条件下,九架炉组(C_1j)的隔水作用,清虚洞-高台组($\textrm{\euro}_1q + \textrm{\euro}_2g$)和摆佐组($C_1b$)之间没有水力联系,前者地下水位比后者高20.53 m;由于梁山组(P_1l)的隔水作用,摆佐组(C_1b)地下水位比栖霞-茅口组($P_1q + P_1m$)高25.93 m。进一步表明天然条件下各含水层之间没有水力联系;

(5)魏家寨矿段的采矿工程已延深至1190 m中段,石炭系摆佐组(C_1b)水位下降最大值达123.15 m,疏干漏斗中心在CK106附近;清虚洞-高台组($\textrm{\euro}_1q + \textrm{\euro}_2g$)水位下降最大值达60.96 m。表明采矿扰动下,清虚洞-高台组($\textrm{\euro}_1q + \textrm{\euro}_2g$)和摆佐组($C_1b$)地下水已经产生联系;

(6)1963年至今,栖霞-茅口组($P_1q + P_1m$)含水层水位仅下降3.89 m,暗示着梁山组(P_1l)隔水层隔水性能尚未受到破坏,但是存在越流现象;

(7)当前清虚洞-高台组($\textrm{\euro}_1q + \textrm{\euro}_2g$)地下水位已低于迎燕水库水位约34 m,未见水库反渗补给地下水,表明金顶山组($\textrm{\euro}_1j$)砂页岩仍处于良好的隔水状态。

第3章　林歹铝土矿区矿井突水机理研究

3.1　引言

贵州省是我国重要的铝土矿资源开采地,其储量约占我国总储量的1/5。林歹铝土矿山年设计规模为 15×10^4 t/a[18, 19],设计采用中央竖井开拓方案,共设1332 m、1295 m、1245 m、1195 m、1145 m、1095 m、1045 m 七个生产中段。然而,当竖井开采至1190 m 中段时,遭遇严重的突水问题。由于涌水机理不清,1190 m 中段以下已探明的约 167.67×10^4 t 铝土矿无法继续开采。

本章基于区域地下水流场系统理论,收集矿区积累的水文地质数据,通过各中段巷道的水文地质编录,查明竖井含水层与隔水层特征和断裂构造特征,并揭示竖井附近岩溶发育规律。在抽水试验和地下水流场特征分析的基础上,进一步分析矿区1190 m 中段的岩溶突水机理,识别突水因素。此外,采用水文地质比拟法和稳定流解析法预测矿坑延伸开采至1040 m 最低中段时的正常涌水量和最大涌水量,为矿区延伸开采的防治水方案设计提供理论依据,并为矿区延伸开采提供数据支撑。

3.2　矿井水文地质条件分析

3.2.1　矿井水文地质特征

林歹矿山生产过程中积累了大量的地质及水文地质资料。结合矿井各中段实地调查编录,对主要充水含水层、隔水层、断裂破碎带等特征重新评估,详见图 3 – 1,可得如下结论:

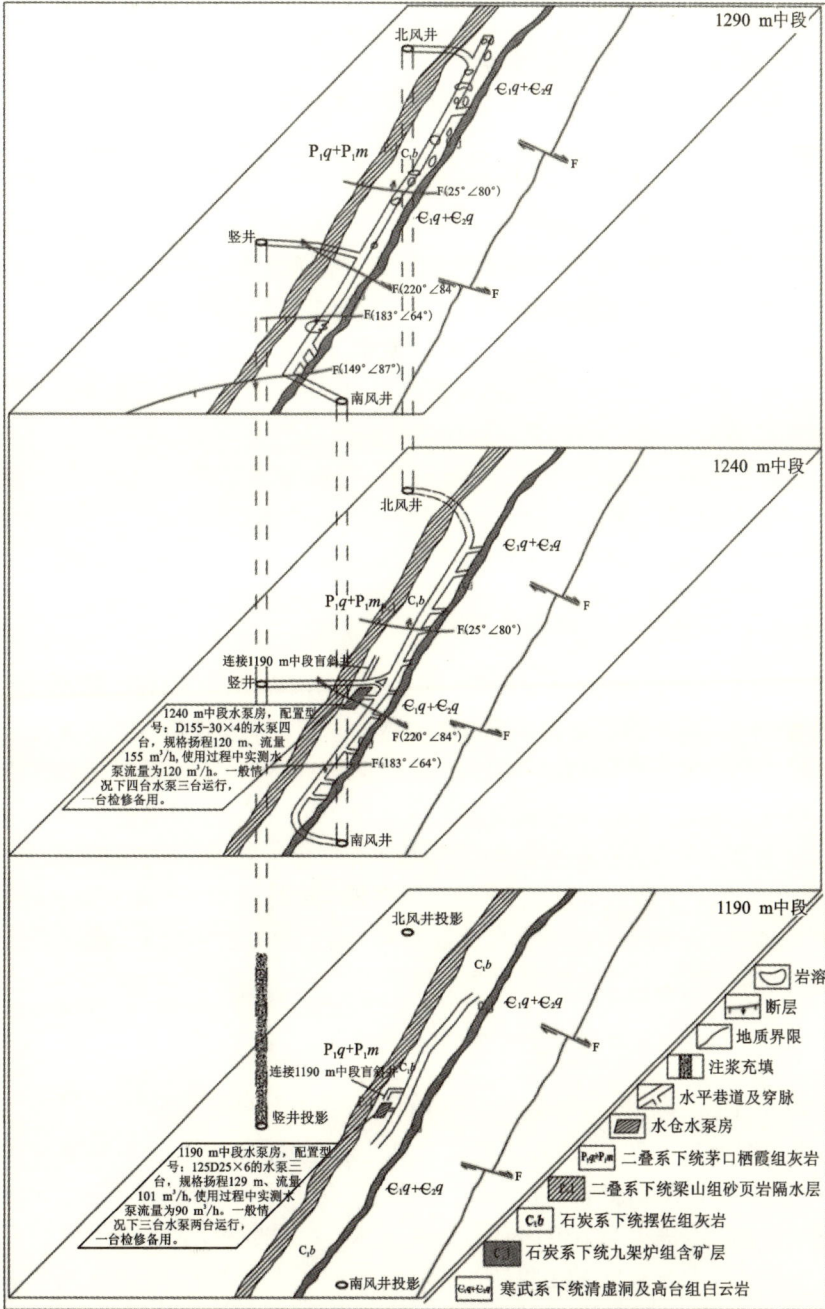

图 3-1　林歹矿区巷道及排水工程布置示意图

3.2.1.1 1290 m 中段水文地质特征

①寒武系清虚洞 – 高台组($\epsilon_1 q + \epsilon_2 g$)：裂隙岩溶较发育，裂隙状溶洞及小溶洞发育，地层倾角为 71°~79°，局部顺层有滴水现象。中厚层白云岩夹薄层泥质页岩，巷道揭露长度为 137 m。

②石炭系九架炉组($C_1 j$)：紫红色中厚层铝土质页岩，岩石完整，巷道揭露长度为 3 m。

③石炭系摆佐组($C_1 b$)：岩溶裂隙较发育，裂隙发育一般 3~5 条/m。浅灰色中厚 – 厚层灰岩，巷道揭露长度为 1381 m。因地下水位大幅下降，巷道基本干涸，岩层倾角 75°，见 F_{25}、F_{27}、F_{29} 断层，有曾发生过涌水、突泥痕迹。

④二叠系梁山组($P_1 l$)：黑色薄层炭质页岩、灰白色中厚层石英质砂岩，巷道揭露长度 22.6 m，岩层倾角 75°，岩石较完整。

⑤二叠系栖霞 – 茅口组($P_1 q + P_1 m$)：深灰色，主要岩性为灰岩，岩溶强烈发育，中 – 厚层，揭露长度为 262 m。巷道揭露的岩体多呈破碎态；可见多个溶洞，溶洞多被黏土充填，个别充水。

3.2.1.2 1240 m 中段水文地质特征

1240 m 中段平巷和斜井所揭露的均为石炭系摆佐组($C_1 b$)白云质灰岩，揭露长度为 1058 m，所见溶洞规模较小，多被黏土充填，未发现涌水，多为浸水和滴水。巷道进水主要为南北两端，每端头涌水量为 2~3 L/s，雨季时地表水沿裂隙垂直入渗进入巷道。巷道东侧清虚洞 – 高台组($\epsilon_1 q + \epsilon_2 g$)白云岩的地下水沿采矿错动裂隙带进入巷道；西侧受梁山组($P_1 l$)和摆佐组($C_1 b$)岩体的隔水作用，栖霞 – 茅口组($P_1 q + P_1 m$)岩溶溶洞水被阻隔在隔水岩体西侧，未发生突水现象。开采巷道下部的水仓和水泵房等排水设施壁面干燥，未见渗水现象。整个掘进过程中未遇到断层，断层在此中段表现为裂隙。

3.2.1.3 1190 m 中段水文地质特征

1190 m 中段运输平巷和斜井所揭露的地层均为石炭系摆佐组($C_1 b$)白云质灰岩，揭露长度为 329.7 m，岩溶不发育，偶见未充填的小溶洞。斜井底部局部滴水；1 号避车硐室沿裂隙有一处涌水，流量约为 0.01 L/s。盲斜井与主巷道相交处附近遇一溶洞，掘进过程中曾出现过一次突水、突泥事故，后经处理，对开采无影响。巷道进水主要来自南北两端，每端头涌水量 2~3 L/s。东侧虚洞 – 高台组($\epsilon_1 q + \epsilon_2 g$)地下水沿错动裂隙带及东西向穿脉进入巷道，西侧因梁山组($P_1 l$)和摆佐组 $C_1 b$)相隔，栖霞 – 茅口组($P_1 q + P_1 m$)地下水尚未进入巷道。主巷道西侧所设水仓和水泵房潮湿，未见滴水现象，整个掘进过程中未遇到断层。

1240 m、1190 m 中段各出水点水温为 14 ～ 15℃，与当地平均气温接近，无水温异常点。南、北风井基本情况见表 3 - 1。

表 3 - 1 南北风井基本情况表

名称	井口标高/m	井底标高/m	井深/m	揭露地层
南风井	1366.65	1293.81	73.847	清虚洞 - 高台组
北风井	1338.00	1293.60	44.4	栖霞 - 茅口组

根据矿山反映，在目前的开拓深度，风井尚能满足生产的需要，如要继续往下延深开采，通风系统必须改造。在风井掘进过程中未遇影响掘进的大型溶洞和突水、突泥等重要水文地质现象。

3.2.2 矿层水文地质模型

矿区地层倒转，寒武系清虚洞 - 高台组（$\mathcal{C}_1 q + \mathcal{C}_2 g$）构成矿系直接充水含水层，石炭系摆佐组（$C_1 b$）构成矿系直接底板充水含水层，二叠系栖霞 - 茅口组（$P_1 q + P_1 m$）构成矿系间接充水含水层。

3.3 矿井突水水源分析

根据矿井水文地质特征（图 3 - 1）及其概念模型，分析认为林歹矿区深部开采时的充水水源包括矿层直接顶板含水层、矿层直接底板含水层、矿层间接底板含水层、地表水对矿床充水、途径岩溶塌陷特殊通道的地表水和采矿场直接充水。

3.3.1 矿层直接顶板含水层

清虚洞 - 高台组（$\mathcal{C}_1 q + \mathcal{C}_2 g$），节理裂隙发育，偶尔可见小溶洞，富水性属于中等类型。采矿活动引起顶板冒落，地下水通过采场直接进入巷道，总厚度大约为 300 m。

3.3.2 矿层直接底板含水层

摆佐组（$C_1 b$）灰岩、白云质灰岩，总厚度为 48 ～ 75 m，主要分布于山坡上，节理裂隙及溶洞发育一般，富水性中等。此岩层与矿层联系密切，主巷道在此岩体中掘进和形成，岩体地下水可直接流入巷道。但矿坑水多从巷道两端流入。岩层溶蚀裂隙发育一般，涌入矿坑水量在控制范围。岩层地下水位在长期疏干作用下，已经达到 1208 m，接近开采中段 1190 m 标高。

3.3.3　矿层间接底板含水层

栖霞－茅口组（$P_1q + P_1m$）灰岩，厚层状，岩溶强烈发育，富水性强，地下径流带发育，分布于矿体西侧，萨拉河谷地也有分布，总厚约 260 m。与摆佐组（C_1b）含水层间有厚 16～23 m 的梁山组（P_1l）页岩、砂岩隔水层。栖霞－茅口组（$P_1q + P_1m$）含水层对矿坑的突水威胁主要受制于"复合式"隔水底板的破坏程度。

3.3.4　地表水对矿床充水的影响

萨拉河从林歹矿区北端流过，横切摆佐组（C_1b）及清虚洞－高台组（$\in_1q + \in_2g$）含水层，河底标高为 1283 m。可通过这两层含水层补给地下水，进而补给矿坑；燕龙河位于矿区之东，河底标高为 1275～1304 m，可通过节理裂隙补给清虚洞－高台组（$\in_1q + \in_2g$）含水层，进而补给矿坑；迎燕水库位于矿区东北方，库容 675 万 m³，蓄水位一般为 1286 m，可通过节理裂隙补给清虚洞－高台（$\in_1q + \in_2g$）组含水层，进而补给矿坑。

3.3.5　途径岩溶塌陷特殊通道的地表水

矿区疏干降压开采，必会引起矿坑地下水的急剧下降，往往诱发大面积的岩溶塌陷。塌陷的形成将为大气降雨、地面径流及地下渗流等提供向下渗流的通道，将可能直接涌入矿坑。当塌陷范围触及地表河流、水库等大型水体时，将产生河流水、库区水倒灌，进入下部坑道系统，可能会给矿坑带来源源不断的充水水源。

3.3.6　采矿场直接充水

经多年开采，地面已形成 6#、7#、8#、9#四个露天采场，详图请扫描左侧二维码（图 3－2），尤以 8#露天坑最大，南北长约 350 m，宽约 200 m，大气降雨汇集于坑底，进而灌入下部坑道系统中。

3.4　竖井周边地段水文地质条件特征

竖井淹井后，矿山投入了大量工程，采取了多种技术方法进行竖井周边地段的水文地质补充勘查，包括水文地质钻探、物探测试、竖井抽水试验、坑道水文地质调查、注浆堵水探索性试验以及矿区地下水动态观测网的建立等，对竖井周边水文地质条件有了进一步的深化认识，为延深开采的开拓系统方案的制定，从防治水方面提供了参考。

3.4.1　栖霞 – 茅口组岩溶发育特征

3.4.1.1　溶洞特征

竖井 1190 m 中段，东、西马头门附近溶洞规模大，泥砂含量高。竖井采用普通法下掘。1988 年 11 月 6 日开始施工 1190 m 中段东、西马头门，11 月 26 日，竖井中心向东、西方向分别掘进至 13.0 m 和 7.1 m 时，东马头门遇 1#溶洞，西马头门遇 2#溶洞。1#及 2#溶洞平面位置如图 3 – 3 所示，其产状及规模见表 3 – 2。从中可以发现，竖井井筒附近岩溶普遍发育，揭露 1#及 2#溶洞规模大，有充填物。

表 3 – 2　溶洞产状及规模信息表

溶洞编号	位置	产状			溶洞规模			泥砂含量 /m³
		走向	倾向	倾角	长/m	宽/m	高/m	
1#	东马头门，距竖井中心 13.0 m	75°	NW	75°		1 ~ 1.4	29	
2#	西马头门，距竖井中心 7.1 m	245°	NE	80°		1.2	40	196

3.4.1.2　竖井周边岩溶发育特征

竖井周边 12 m 范围的 6 个钻孔结果显示，竖井周边岩溶发育。钻孔平面布置如图 3 – 4 所示，钻孔 K11、K12 和 ZK3 岩溶发育情况如图 3 – 5 所示，统计信息情况如表 3 – 3 所列。从中可以发现各钻孔在不同标高处揭露到岩溶发育带和主要岩溶发育段，表明竖井周边钻孔岩溶能见率近乎 100%。

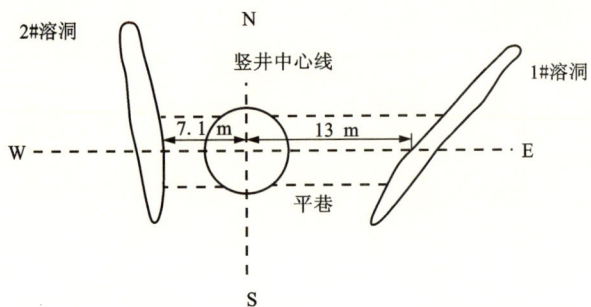

图 3 – 3　1190 m 中段 1#、2#溶洞平面位置示意图

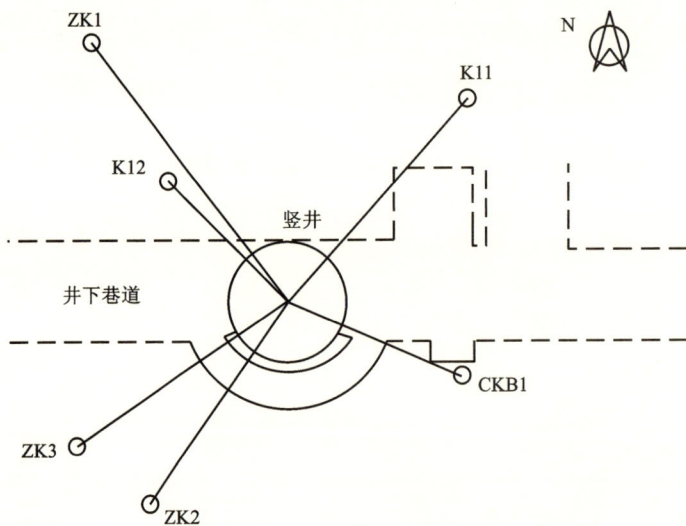

图 3 – 4　竖井周边钻孔平面布置示意图

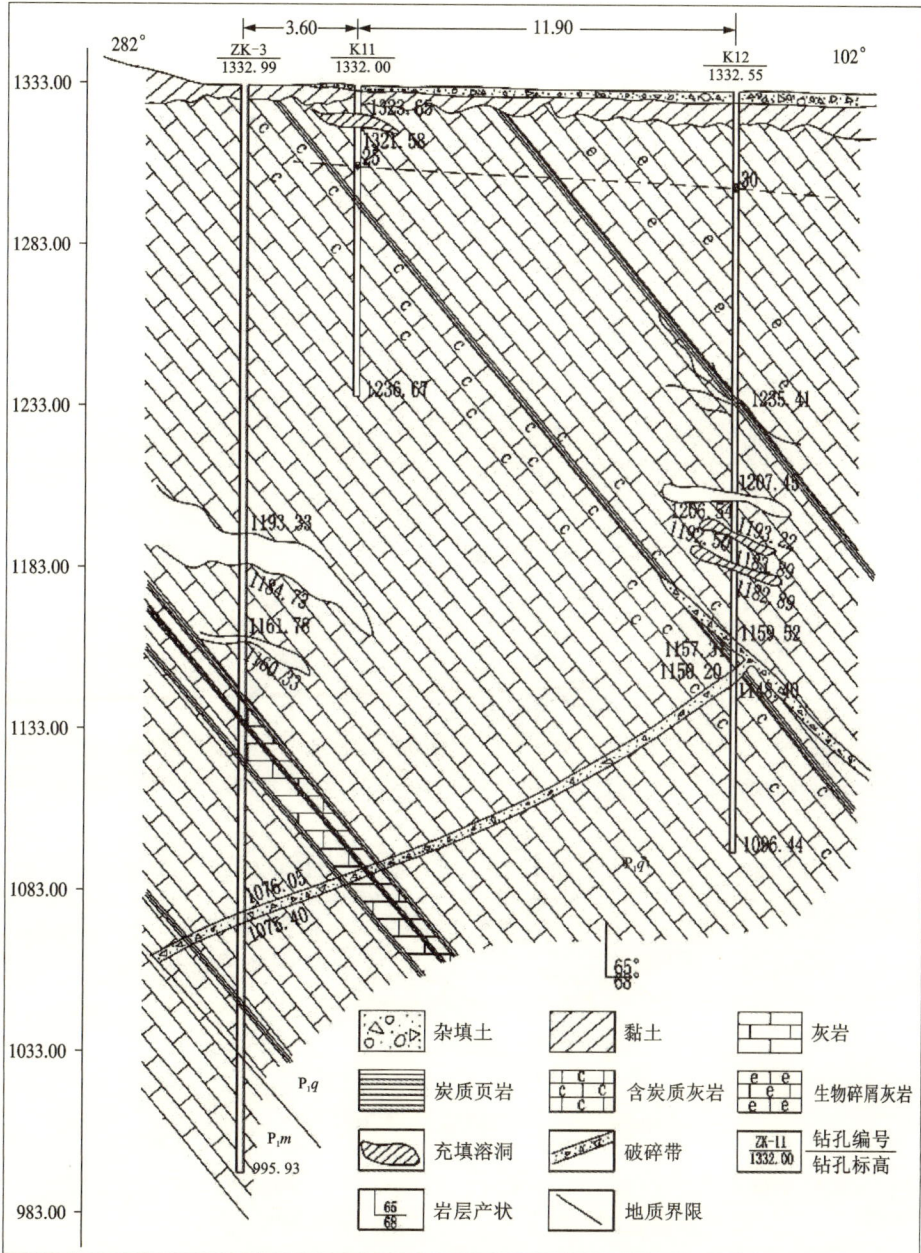

图 3 - 5　K11 - K12 - ZK3 岩溶发育示意图

表 3 – 3　竖井周边钻孔岩溶发育程度表

钻孔编号	孔口标高 /m	孔底标高 /m	孔深 /m	岩溶率 /%	主要岩溶发育段标高 /m	备注
CK1	1132.99				（Ⅰ）1230 ~ 1150 （Ⅱ）1120 ~ 1050	
CK2			330.83		1160 ~ 1185	
CKB1			309.27		1162 ~ 1180	
K11	1332.00	1096.4	235.56	3.0	（Ⅰ）1207.54 ~ 1182.89 （Ⅱ）1159.52 ~ 1148.40	
K12	1332.55	1236.67	95.88	2.2	1323.65 ~ 1321.58	
ZK3	1332.99	995.93	337.06	3.11	（Ⅰ）1193.33 ~ 1184.73 （Ⅱ）1161.78 ~ 1160.33	

3.4.1.3　萨拉河河谷附近岩溶发育

2011 年 10—12 月，在栖霞 – 茅口组溶洞裂隙含水层中，共施工 ZK101、ZK102 及 ZK103 三个地下水位观测孔，主要岩溶发育段标高及钻孔线岩溶率信息见表 3 – 4。从中可以发现：萨拉河谷溶蚀洼地岩溶极为发育，ZK101 及 ZK102 的单孔线岩溶率分别高达 53%、40%，单个溶洞高度达 7.17 ~ 15.70 m，溶洞充填率高，溶洞充填物主要为褐红色可塑状黏土、砂及角砾等，粒径一般为 1 ~ 3 mm。

表 3 – 4　ZK101、ZK102、ZK103 水文观测孔岩溶发育程度表

钻孔编号	孔口标高 /m	孔底标高 /m	孔深 /m	地下水位标高/m	岩溶率 /%	主要岩溶发育段标高/m	施工日期
ZK101	1316.753	1215.583	101.17	1313.553	53	1296.353 ~ 1229.753 （溶洞高 7.17 m， 1277.923 ~ 1270.753）	2011.9.17 ~ 10.6
ZK102	1312.026	1199.916	112.11	1309.128	40	1302.626 ~ 1252.546 （溶洞高 15.70 m， 1284.436 ~ 1268.736）	2011.10.18 ~ 11.10
ZK103	1305.409	1154.719	150.69	1298.409		岩溶裂隙发育	2011.11.18 ~ 12.10

此外，通过坑道水文地质调查及竖井周边钻孔施工证实，不仅在 1190 m 以上

已经开采地段岩溶发育，同时在竖井延深的 1230～1050 m 标高也存在着两个岩溶发育段，岩溶发育标高及主要特征如表 3-5 所列。岩溶沿北偏西或北偏东方向发育，与矿区主要构造线、岩溶水系统强径流带的方向基本一致。

表 3-5　栖霞-茅口组岩溶发育段标高及岩溶发育形态表

深部岩溶发育段	发育标高/m	发育段厚度/m	岩溶发育形态
1	1230～1150	80	水平延伸较长的裂隙状岩溶为主，充填或半充填
2	1120～1050	30	水平延伸较长的裂隙及溶蚀裂隙为主

3.4.2　栖霞-茅口组富水性特征

根据竖井抽水试验成果，编绘竖井抽水试验 $Q-S$ 及 $q-S$ 曲线图，如图 3-6 和图 3-7 所示。竖井掘进至 81 m 时的 $Q-S$ 曲线①及 $q-S$ 曲线①分别代表浅部在未见溶洞条件下的 $Q-S$ 和 $q-S$ 关系。$Q-S$ 曲线②代表竖井遇 1#、2#大型溶洞后，经过长时间强排，溶洞充填物被带走后的水位降深与流量的关系。从中可以发现：径流通道畅通，影响半径扩大到 604～673 m。此外，$Q-S$ 曲线呈直线，表明该试验段为典型承压水模式。当水位降深为 19.506～31.128 m 时，竖井涌水量达 135.657～214.339 m³/h，单位涌水量为 1.971～1.986 m³/(s·m)，富水性强。

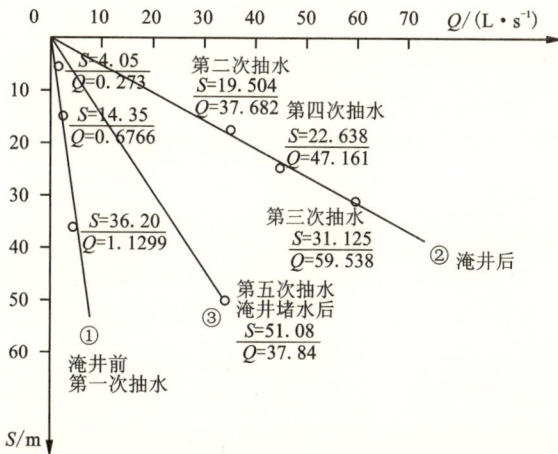

图 3-6　竖井淹井前后抽水试验 $Q-S$ 曲线对比图

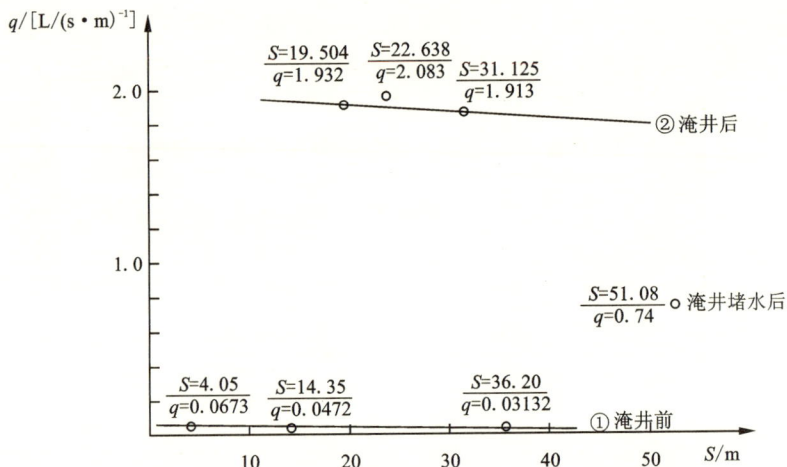

图 3 – 7　竖井淹井前后抽水试验 q – S 曲线对比图

此外，井下实测数据亦表明：从淹井初期开始，随着排水强度的加大，涌水量随之增加。淹井初期，竖井涌水量实测为 10.3 m³/h，连续用吊泵排水一周后，竖井平均涌水量为 32.6 m³/h，而强排一个月后，采用容积法测定竖井平均涌水量为 234.1 m³/h。这个过程，随着排水强度增加和溶洞泥砂的不断疏通，水中含砂量不断增高。最后，经竖井堵水，构筑井下止水垫后，竖井最终涌水量为 9.5 m³/h。

3.4.3　竖井地段突水机理

通过淹井后所进行的物探、水文地质钻探、抽水试验等工作，不仅证实竖井地段岩溶发育，富水性强，同时显示竖井位置处于栖霞 – 茅口组（$P_1q + P_1m$）灰岩岩溶水系统强径流带内。

据竖井周边资料：宏观上，魏家寨矿段属岩溶水文地质单元的排泄区。从图 3 – 8 可以发现：强径流带南起萨拉河河谷，岩溶洼地内的 ZK101 孔附近，北至 A52 号泉排泄点，强径流带长度为 1150 m；强径流东起魏家寨竖井，西至萨拉河河谷岩溶洼地，平均宽度约为 260 m。地下水由南向北径流，最终在矿区 A52 号泉排出，其中竖井到 A52 号泉长度为 518 m，水力坡度为 0.00324。该强径流带北偏西或北偏东方向与竖井在 1190 m 中段东、西马头门附近揭露的 1#、2#大型溶洞的延深方向（图 3 – 3）一致。其岩溶特征与萨拉河河谷岩溶洼地一致。

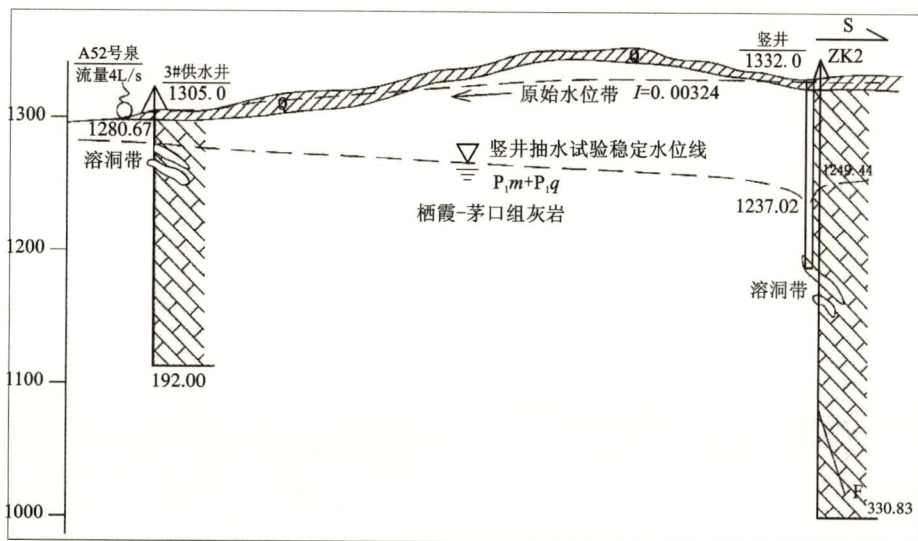

图 3 - 8　竖井 - 3#供水井（A52 号泉）强径流带示意图

竖井抽水试验发现，竖井抽水与3#供水井（A52 号泉）连通性好，水力坡度缓。抽水过程中，强排导致3#供水井因泥沙含量高，最后停止使用；竖井位于3#供水井南约 518 m，同处于强径流带内，径流通畅，水力坡度小。这一特征是国内外岩溶充水的大水矿山所共有的。3#供水井取水，曾使 A52 号泉干涸，并产生地面塌陷 3 处，而竖井排水又在河谷内产生 8 个塌洞，并构成一个长达 400 m，宽 30～50 m 塌陷带，这个塌陷带的长轴方向与地下水强径流带完全吻合。

综上所述，竖井在 1190 m 中段东、西马头门发生的突水涌泥突水机理为竖井附近栖霞 - 茅口组（$P_1q + P_1m$）岩溶裂隙发育，富水性强，而且竖井设在栖霞 - 茅口灰岩岩溶水系统强径流带内。这是导致矿坑突水的最直接因素。

3.5　涌水量预测与分析

矿坑的正常涌水量和最大涌水量分别为矿山开采时的一般涌水量和雨季时期的最大涌水量。本节分别运用水文地质比拟法和稳定流解析法预测矿坑 1190 m 中段以下各开采中段的正常涌水量和最大涌水量，为矿山防治水设计提供依据。

3.5.1 水文地质比拟法

根据矿山排水资料和矿区水文地质特征,矿区在延伸现有盲斜井开采 1190 m 中段以下铝矿时,水文地质条件与其上部相类似,因此,选择水文地质比拟法预测 1190 m 以下各中段矿坑涌水量是合适的。计算公式为:

$$Q = Q_0 \sqrt{\frac{S}{S_0}} \qquad (3-1)$$

式中:Q 为设计中段的预计涌水量,m^3/d;S 为设计中段的水位降深,m;Q_0 为已知中段涌水量,m^3/d;S_0 为已知中段的水位降深,m。

其中,Q_0 选取 2011 年全年矿井平均排水量 2910.056 m^3/d 作为已知中段涌水量;S_0 根据 1963 年摆佐组地下水原始水位 1287.79 ~ 1331.91 m,取其中间值 1309.35 m 作为矿区原始水位,利用 2011 年施工的 ZK106 孔水位标高 1208.760 m 作为目前水位。故已知中段的水位降深即为 1309.35 - 1208.76 = 100.59 m;S 为 1140 m 中段设计水位降深,即 1309.35 - 1140 = 169.35 m;1090 m 中段设计水位降深 1309.35 - 1090 = 219.35 m;1040 m 中段设计水位降深为 1309.35 - 1090 = 269.35 m。本区为裸露型岩溶充水矿床,矿坑涌水量变化系数一般都很大。考虑到矿区位于分水岭斜坡地带,主要充水水源为大气降水,新开拓巷道距离地面有 100 多米,加之上部三个中段的截流,所以矿坑涌水量变化系数取 3。

利用上述公式和数据,计算得到开采中段矿坑涌水量,如表 3 - 6 所列。

表 3 - 6 林歹矿区矿坑涌水量预测结果(比拟法)

预测中段	水位降深/m	涌水量/($m^3 \cdot d^{-1}$)	雨季最大涌水量/($m^3 \cdot d^{-1}$)
1140 m	169.35	3771.36	11314.08
1090 m	219.35	4295.23	12885.69
1040 m	269.35	4743.38	14230.14

3.5.2 稳定流解析法

矿体展布方向为南北向,呈狭长形;由于梁山组隔水层的阻隔,西侧栖霞 - 茅口组($P_1q + P_1m$)溶洞裂隙含水层地下水未进入巷道;巷道仅东侧进水,故选择单侧进水水平巷道公式(3 - 2)计算 1190 m 中段以下三个中段矿井涌水量。

$$Q = LK \frac{(2H - S)S}{2R} \qquad (3-2)$$

式中：Q 表示设计中段的预计涌水量，m³/d；H 为含水层厚度，m；L 为设计中段巷道长度，m；S 表示设计中段的水位降深，m；K 是渗透系数，m/d；R 代表影响半径，m。

其中，L 根据预期设计巷道长度；H 表示的含水层为近于直立的含水层，含水层顶界面取平均水位标高 1309.35 m，含水层底界取岩溶发育最低标高 848 m，含水层厚度为 1309.35 − 848 = 461.35 m；S 表示的 1140 m 中段设计水位降深为 1309.35 − 1140 = 169.35 m；1090 m 中段设计水位降深为 1309.35 − 1090 = 219.35 m；1040 m 中段设计水位降深为 1309.35 − 1090 = 269.35 m；K 为裂隙溶洞含水层的渗透系数，K 值取 0.679 m/d；R 用库萨金公式求取，$R = 2 \cdot S \sqrt{H \cdot K}$。

根据上述公式和数据，计算得到 1190 m 以下各开采中段矿坑涌水量预测结果，如表 3 − 7 所列。

表 3 − 7　林歹矿区矿坑涌水量预测成果表（稳定流解析法）

预测中段	巷道长度/m	水位降深/m	含水层厚度/m	渗透系数/(m·d⁻¹)	影响半径/m	涌水量/(m³·d⁻¹)
1140 m	650	169.35	461.35	0.679	5991.6	4695
1090 m	650	219.35	461.35	0.679	7760.6	4387
1040 m	650	269.35	461.35	0.679	9529.6	4060

3.5.3　结果与讨论

对比表 3 − 6 和表 3 − 7 的结果，可知两种方法均具有较高的可靠性。从表中可以发现：1040 m 中段正常涌水量为 4743.38 m³/d，最大涌水量为 14230.14 m³/d。综合分析矿井实际排水资料、矿井充水方式，此次选用的计算方法是比较合理的。由于矿区缺少矿井排水量与大气降雨量多年观测资料，矿坑最大涌水量的取用，还应考虑降雨强度、上部中段截流情况和地面防治水效果等因素。

3.6　小结

本章选取魏家寨矿井为研究对象，利用巷道水文地质编录、钻探及抽水试验等手段，分析 1190 m 中段马头门突水机理，识别突水因素，预测矿井涌水量。得到结论如下：

（1）针对 1290 m 中段、1240 m 中段、1190 m 中段坑道水文地质编录资料分析，发现：摆佐组地层岩溶发育强度随深度加深而逐渐减弱；巷道进水主要来自南北两端。东侧清虚洞 – 高台组（$\epsilon_1 q + \epsilon_2 g$）地下水沿采矿错动裂隙带及东西向穿脉进入巷道；西侧的梁山组隔水层阻隔作用，栖霞 – 茅口组（$P_1 q + P_1 m$）含水层的岩溶水未与巷道贯通；1190 m 中段整个掘进过程中未遇到断层。

（2）针对竖井周边地段水文地质条件分析，发现：竖井 1190 m 中段发生岩溶突水淹井的突水机理为竖井位于栖霞 – 茅口组（$P_1 q + P_1 m$）灰岩岩溶水系统强径流带上，且此地段岩溶发育、富水性强；竖井岩溶发育下限为 1050 m 标高，竖井抽水期间地面曾发生多处地面塌陷。

（3）强降雨时，地表径流向前期开采完成的露天采场汇集，经过采矿错动裂隙、岩溶塌坑等途径灌入矿坑，威胁生产安全。

（4）分别利用水文地质比拟法和稳定流解析法两种方法预测 1040 m 中段矿坑涌水量，得到最低开采中段 1040 m 正常涌水量为 4743.38 m^3/d，最大涌水量为 14230.14 m^3/d。

第 4 章　矿区"复合式"隔水底板隔水性能评价

　　岩溶矿山地下水开采过程中，底板隔水性能的优劣是决定能否安全生产的关键因素。据调查，我国岩溶矿山地下开采普遍受到底板的突水威胁。开采深度的不断延伸将逐渐加剧底板高水压的威胁，极易引起底板突水灾害。矿层底板突水是特定的地质构造、地下水动态变化、原岩应力等多个因素相互作用的结果。科学合理地评价隔水底板的隔水性能，需要综合研究水文地质条件、耦合渗流及应力场，全面分析采场围岩的变形与破坏。

　　基于岩石力学、突水系数和矿压破坏理论，分析其间接隔水底板梁山组($P_1 l$)和直接隔水底板摆佐组($C_1 b$)隔水岩体的岩性特征、稳定性、力学性质及岩体质量等特征。研究发现，如果按照传统的方法单独评价矿坑延伸开采至 1040 m 中段，梁山组弱透水隔水层或摆佐组岩溶弱发育含水层能否作为矿层隔水底板时，则梁山组隔水层因厚度薄，岩性承载力弱而遭到破坏，而摆佐组弱透水层因其本身为含水层，也不能作为矿层隔水层。因此，按照传统评价方法，1190 m 中段以下的铝矿资源是不适宜开采的，这也造成矿山一直未能制定出有效的防治水方案而被迫接近停产。

　　针对以上问题，本章创新性地提出将梁山组($P_1 l$)和摆佐组($C_1 b$)合并统一为"复合式"隔水岩体，重点研究梁山组($P_1 l$)和摆佐组($C_1 b$)的岩性、稳定性及工程地质条件等特征，评价矿山延伸现有盲斜井开采时"复合式"隔水底板是否遭受水压突破，能否有效阻止底板突水威胁。从而为林歹铝土矿延伸开采防治水和开拓系统设计提供理论依据和技术支持。

4.1 梁山组隔水性能及力学特征

4.1.1 隔水性能特征

岩体隔水能力的影响因素很多,除岩性及组合外,岩体的结构、力学性质、矿物成分、水压破坏大小、原始损伤状态及采掘活动等都影响着隔水底板的隔水效果。岩性特征是隔水层隔水能力的首要因素。通常,页岩,砂质页岩,泥岩等隔水性能较好。粉砂岩、中砂岩、泥质砂岩等砂岩类岩体,隔水性能相对较差。碎屑岩及白云岩类则更差,而灰岩类往往隔水能力很差,甚至有的具强导水能力。

二叠系梁山组(P_1l)呈浅黄色,主要岩性为泥质页岩,局部夹炭质页岩;上部主要为炭质页岩,呈黑色,夹杂砂质页岩;中下部为灰色、灰白色,主要岩性为石英砂岩,中厚 – 厚层,夹黑色薄层页岩。岩层总厚 16 ~ 23 m。梁山组(P_1l)可作为隔水岩层的依据为:

(1)岩性致密,岩体厚度稳定,石英砂岩胶结致密更为突显。岩层孔隙裂隙不发育,地表露头无泉水。

(2)天然条件下,栖霞 – 茅口组($P_1q + P_1m$)灰岩地下水位比摆佐组(C_1b)白云质灰岩水位低 20 m 左右,说明梁山组岩层的隔水性能良好,详见如图 4 – 1。

(3)前期资料显示:摆佐组(C_1b)岩层中完孔的 CK107 和 CK108 两孔进行抽水试验时,同时观测距离较近的 Ⅱ 号孔(栖霞 – 茅口组岩层)和东面距抽水孔约 80 m 的 CK1 孔(摆佐组岩层)的水位变化。结果,Ⅱ 号孔水位未发生变化,而距离较远的 CK1 孔水位下降 1.03 m。说明梁山组(P_1l)隔水层仍具有隔水性能。

(4)矿山开采魏家寨矿段铝矿,现已开采至 1190 m 中段,矿层直接底板和间接充水含水层的水位变化不一样。直接底板摆佐组(C_1b)和间接充水含水层栖霞 – 茅口组($P_1q + P_1m$)水位与 1963 年原始水位相比,水位下降值分别为 123.26 m 和 3.86 m,说明矿山目前开采 1190 m 中段,梁山组(P_1l)岩体仍具有隔水能力。

4.1.2 物理力学特征

岩体的物理力学特征可以反映岩体强度。矿系围岩的岩性及力学特征在不同地段稍有差异,但基本的岩体类型和力学参数具有一定可比性。据地质报告试验数据和现场编录等相关资料,可得出矿区岩体的各项力学指标,详见表 4 – 1。综合分析确定,梁山组(P_1l)岩体的抗压强度为 48.6 MPa,等级为 Ⅲ ~ Ⅳ 级。

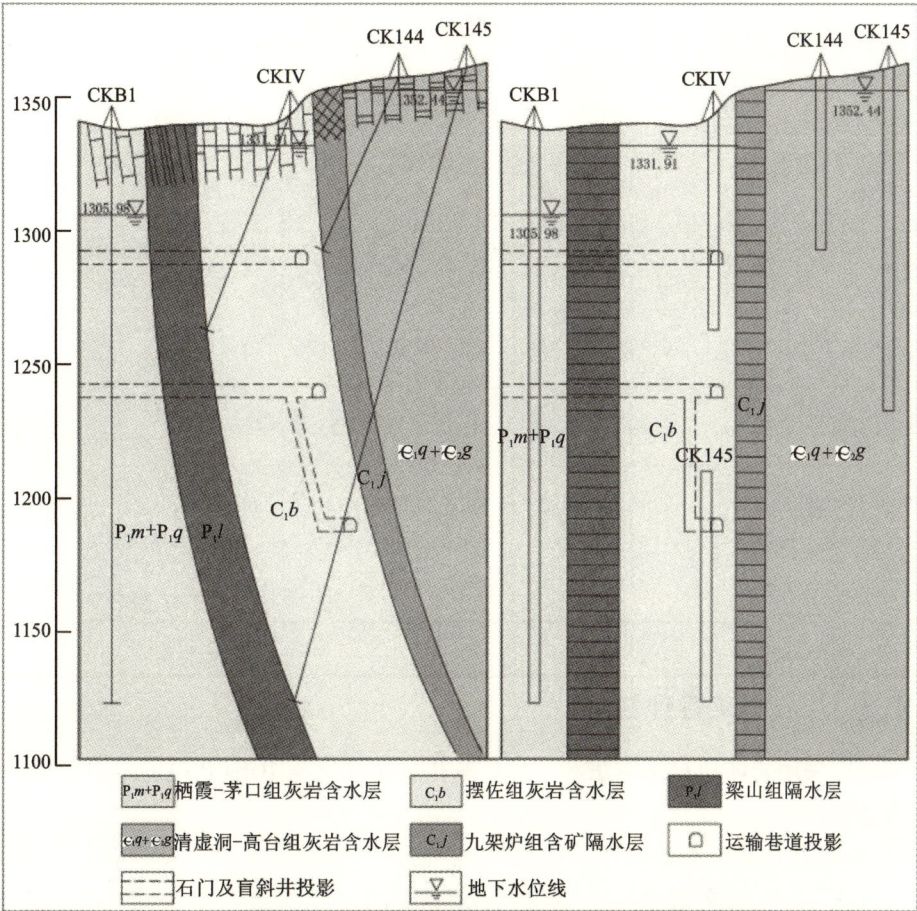

图 4-1　含矿系与含水层、隔水层位置示意图

表 4-1　林歹矿区岩石力学试验成果表

岩矿类别	密度/ (g·cm⁻³)	孔隙度 /%	吸水率 /%	抗剪强度 /MPa	抗压强度 /MPa	普氏系数 $R_d = 100$	内摩擦角 $\varphi = \arctan f$	岩石 等级
清虚洞-高台 组白云质灰岩	2.83	1.07	0.48	27.5	99.1~180.2	10~18	84°15′~ 84°34′	Ⅱ~Ⅲ
铁质页岩	2.62	3.00	1.16	8.5	39.9~48.6	4~5	39°30′	Ⅴ
赤铁矿	4.20	2.41	0.55	27.3	141.6~ 296.6	14~30	86°15′~ 86°25′	Ⅱ~Ⅴ

续表 4-1

岩矿类别	密度/(g·cm⁻³)	孔隙度/%	吸水率/%	抗剪强度/MPa	抗压强度/MPa	普氏系数 $R_d = 100$	内摩擦角 $\varphi = \arctan f$	岩石等级
铝土岩					40.6 ~ 299.2	4 ~ 30		
土状铝土矿	2.65	20.96	7.93	7	72.5 ~ 112	7 ~ 11	82°5′ ~ 84°47′	Ⅱ ~ Ⅲ
半土状铝土矿	2.69	20.15	7.48	11.8	45.6 ~ 86.2	5 ~ 9	77°45′ ~ 83°30′	Ⅲ ~ Ⅴ
致密状铝土矿	3.01	9.39	3.12	32.4	142.3 ~ 170	14 ~ 17	85°45′ ~ 86°40′	Ⅰ ~ Ⅲ
梁山组页岩	2.31	2.89	1.38	8.4	42.1 ~ 53.7	42 ~ 54	38°30′ ~ 89°45′	Ⅲ ~ Ⅳ
摆佐组灰岩	2.67	1.16	0.45	14.7	56.4 ~ 116.6	6 ~ 12	80°45′ ~ 84°47′	Ⅱ ~ Ⅳ
栖霞-茅口组灰岩	2.64	7.6	2.5	13.8	44.8 ~ 123	4 ~ 12	78°45′ ~ 84°40′	Ⅱ ~ Ⅳ

4.1.3 岩石稳定性评价

分别采用岩体质量系数法和岩体质量指标法评价梁山组(P_1l)的岩石稳定性，具体如下：

（1）岩体质量系数法

根据《矿区水文地质工程地质勘探规范》的岩体质量系数公式计算，详见式（4-1）。

$$Z = I \cdot f \cdot S \qquad (4-1)$$

式中：Z 为岩体质量系数；I 为岩体完整系数；f 为结构面摩擦系数；S 为岩块坚硬系数。

式中 I 可用 RQD 值替代，取 0.5；f 可依据岩石结构类型确定，取 0.4；S 通过式 $S = R_c/100$ 可得，其中 R_c 代表岩体饱和轴向抗压强度，MPa。

因此，$Z = I \cdot f \cdot S = 0.5 \times 0.4 \times 48.6/100 = 0.096$

（2）岩体质量指标法

岩体的质量指标 M 可按公式（4-2）计算，具体如下：

$$M = R_c/300 \cdot RQD \qquad (4-2)$$

其中：R_c 代表岩体饱和轴向抗压强度，为 48.6 MPa。

因此，$M = R_c/300 \cdot RQD = 48.6/300 \times 0.5 = 0.081$

按《矿区水文地质工程地质勘探规范》附录 E1、E2、E3，可得，梁山组（$P_1 l$）岩体质量评价详见表 4-2。

表 4-2　梁山组岩体质量评价表

岩性	R_c	Z	M	坚硬程度	质量等级	岩体质量	RQD/%
石英砂岩、页岩	48.6	0.096	0.081	较硬岩	Ⅲ~Ⅳ	中等较完整	48.6

综合式(4-1)和式(4-2)计算结果，梁山组（$P_1 l$）岩体稳定性好，岩体硬度为半坚硬岩，质量等级为中等较完整。

4.2　摆佐组力学性质及稳定性

4.2.1　岩性特征

摆佐组（$C_1 b$）主要为灰白色灰岩，白云质灰岩，为矿层直接底板，岩溶较不发育。岩体下部常伴生厚 1~3 m 含铝灰岩，厚 48~75 m。岩体发育的溶蚀裂隙和溶孔为主要的蓄水空间。据抽水资料统计，魏家寨矿段（矿区中部）富水性较弱，钻孔单位涌水量 0.00382~0.03427 L/(s·m)；矿区魏家寨矿段摆佐组（$C_1 b$）岩溶较不发育，岩体连续，抗剪强度达 14.7 MPa，质量等级为 Ⅱ~Ⅳ 级，饱和抗压强度 56.4~116.6 MPa，综合分析后取 70 MPa 为岩体的饱和抗压强度。

4.2.2　岩石稳定性评价

分别采用式(4-1)和式(4-2)评价摆佐组（$C_1 b$）的岩体稳定性，具体如下：

(1)岩体质量系数法

根据式(4-1)，可得：

$$Z = I \cdot f \cdot S = 0.7 \times 0.6 \times 70/100 = 0.294$$

式中：I 可用 RQD 值替代，取 0.7；f 可依据岩石结构类型确定，取 0.6；S 通过式 $S = R_c/100$ 可得，其中 R_c 代表岩体饱和轴向抗压强度，取 70 MPa。

(2)岩体质量指标法

根据式(4-2)，可得：$M = R_c/300 \cdot RQD = 70/300 \times 0.7 = 0.163$

按《矿区水文地质工程地质勘探规范》附录 E1、E2、E3，可得，摆佐组（$C_1 b$）岩体质量评价详见表 4-3。

表 4 - 3 摆佐组岩体质量评价表

岩性	R_c	Z	M	坚硬程度	质量等级	岩体质量	RQD/%
石英砂岩、页岩	70	0.294	0.163	坚硬岩	Ⅱ ~ Ⅳ	厚层白云质灰岩、灰岩，C_1b	70

通过对摆佐组（C_1b）岩体的力学性质和岩体稳定性的综合评价，可得，摆佐组（C_1b）岩体稳定性好，岩体硬度为坚硬岩，质量等级坚硬完整。

4.2.3 采矿破坏程度

摆佐组（C_1b）为矿系的直接底板，采矿活动会破坏矿层下伏岩体。工作面斜长是采矿活动的矿压破坏高度的最主要影响因素。据实测资料，矿系底板受矿压作用损坏的深度一般为 6 ~ 14 m。破坏高度 h_1 与工作面斜长 L 可用式（4 - 3）表示：

$$h_1 = 1.86 + 0.11L \qquad (4 - 3)$$

式中：h_1 为底板破坏高度，m；L 为工作面斜长，取 50 m；

可得，$\quad h_1 = 1.86 + 0.11L = 1.86 + 0.11 \times 50 = 7.36$

所以，矿层底板摆佐组（C_1b）破坏深度为 7.36 m。

4.3 隔水底板隔水性能评价

4.3.1 栖霞 - 茅口组富水性分析

矿山开采深度不断延伸，疏干深度也随之加大。梁山组（P_1l）隔水岩体上部的摆佐组（C_1b）岩溶裂隙水逐渐形成以矿坑开采点为中心的疏干降落漏斗。矿层间接充水含水层栖霞 - 茅口组（$P_1q + P_1m$）岩溶发育，富水性好，此时，栖霞 - 茅口组（$P_1q + P_1m$）形成矿坑突水重要的威胁源。栖霞 - 茅口组（$P_1q + P_1m$）灰岩以条带状展布在研究区东侧斜坡处，钻探最大揭露厚度达 150.69 m，水文地质参数详见表 4 - 4。

表 4 - 4 栖霞 - 茅口组灰岩水文地质参数表

含水层厚度/m	岩溶裂隙率/%	单位涌水量 $q/[L \cdot (s \cdot m)^{-1}]$		渗透系数 $K/(cm \cdot s^{-1})$		水压/MPa		备注
		平均值	最大值	平均值	最大值	平均值	最大值	
150.69	53	0.504	1.92	20.139×10^{-5}	58.565×10^{-5}		2.73	目前巷道水压已达 1.2 MPa

由表4-4可知，栖霞-茅口组($P_1q + P_1m$)灰岩溶洞裂隙含水层岩溶发育，富水性好，此时，底板承压水头大，采矿活动一旦触及此层，将可能发生势猛量大的岩溶突水，造成严重的损失。

4.3.2 矿区断裂及导水性分析

4.3.2.1 主要断裂破碎带

研究区内断层较多，按力学性质分为3种类型：

（1）张扭性类型：断层走向近东西，倾向为南倾或北倾，倾角一般为64°～87°，如断层F_{27}、F_{38}。

（2）压性逆冲类型：断层走向近南北或北北西，倾向向东倾，倾角一般为70°～80°，如断层F_{24}、F_{33}。

（3）压扭性类型：断层倾向主要为南东向或北东向，倾角一般为56°～59°，此类断层矿区分布较多，如F_{25}、F_{29}、F_{30}、F_{31}、F_{32}、F_{34}。

4.3.2.2 断裂构造导水性

断裂构造是潜在的矿坑突水的水源储存空间和运移通道，富水性好、导水性强的断裂构造将可能成为矿坑突水的重要威胁。本节对矿区断裂构造的富水性和导水性的主要调查手段是巷道水文地质调查。通过对已开采的1190 m中段、1240 m中段和1290 m中段的坑道进行水文地质条件分析，可得以下结论：

（1）1290 m中段巷道南翼发现断层F_{25}、F_{27}、F_{29}及F_{31}，断层处岩石破碎，溶洞裂隙发育，掘进揭露这些断层时发生涌泥、涌水现象；

（2）1240 m中段巷道编录发现断层F_{27}、F_{29}，断层处发育较小规模的小溶洞，岩溶裂隙较发育；巷道内为发现断层F_{31}、F_{32}。因此，1240 m中段断裂破碎带不发育，巷道两端是矿坑涌入水源的主要途径；

（3）1190 m中段，巷道内为发现断层，局部发现滴水情况，巷道两端及穿脉是矿坑涌水源的主要途径。

因此，1290 m中段断层岩溶发育，发现4条断层；1240 m中段，发现2条断层，已有两条断层发生尖灭；1190 m中段未发现任何一条断层，证明此中段已为魏家寨矿段区的断层发育下限，断层富水性和导水性不会对矿山延伸开采时的矿坑产生突水威胁；断层发育、溶蚀裂隙发育随着开采的延伸，发育程度也随之减弱。因此，研究区范围，断层发育的下限为1190 m中段，断层不会对矿山延伸开采产生突水威胁。

4.3.3 安全隔水层厚度评价

矿山延伸开采至 1040 m 中段时,梁山组和摆佐组将承受来自栖霞 – 茅口组 ($P_1q + P_1m$) 灰岩的强大水压力。为保证矿坑安全生产,不发生底板突水,此时,需重点研究岩体有效抵挡高承压水头所需的岩性和厚度。

(1)公式计算法

据《矿区水文地质工程地质勘探规范》附录 G,可计算安全隔水层厚度 t,即:

$$t = \frac{L(\sqrt{r^2L^2 + 8K_PH_S}) - rL}{4K_P} \qquad (4-4)$$

式中:t 为安全隔水层厚度,m;L 为采矿工作面底板最大宽度,m;r 为隔水层岩石密度,t/m³;K_P 为隔水层岩石抗拉强度,Pa;H_S 为实际水头压力,Pa。

当林歹矿山延伸开采至 1040 m 中段时,L 按房柱法开采计算,取值 8 m;岩石密度 r 取 2.67 t/m³;岩石抗拉强度 K_P 取 140×10^4 Pa;H_S 实际水头压力取最大值 273×10^4 Pa

通过计算可得,矿山延伸至 1040 m 中段时,梁山组此时所承受的水压力为 2.73 MPa,所需的安全隔水层厚度为 7.87 m。

式(4-4)计算所得的安全隔水层厚度 7.87 m 表示在承受 2.73 MPa 水头压力下所需要的最低的隔水层完整厚度。此外,需要考虑采矿方法、矿压等对隔水层的损坏,如式(4-3)所计算得到的 7.36 m 破坏深度,因此,矿坑延伸开采至 1040 m 中段时所需的最低厚度为 7.87 + 7.36 = 15.23(m)。

(2)突水系数类比法

突水系数在煤矿领域的底板突水研究中具有重要作用。2009 年 8 月 17 日,突水系数 $T = \frac{P}{M}$ 被重新列入《煤矿防治水规定》。本节采用突水系数理论——每米隔水岩层能承受的静水压力,确定矿山延伸开采时所需的隔水层厚度。

根据矿区地质特征,类比煤矿实例,煤矿领域底板破坏区段突水系数一般为 0.04 ~ 0.05 MPa/m,比正常的 0.1 MPa/m 要小,本专著按有色矿山的有关规范,取值为 0.10 MPa/m,计算结果详见表 4-5。

表 4-5 隔水层安全厚度表

	公式法	类比法	平均值
水压/MPa	2.73	2.73	2.73
隔水层安全厚度/m	15.23	27.3	21.26

因此，本次矿山延伸开采的隔水底板所需安全厚度，按公式计算法和类比法所得结果求算术平均值，即为 21.26 m。

4.3.4　复合式隔水岩层的渗透性分析

摆佐组(C_1b)为矿层的直接底板，梁山组(P_1l)为间接底板，分别设其岩性渗透系数为 K_1 和 K_2，岩层厚度取值分别为 M_1 和 M_2，根据导水系数 $T = KM$ 概念，在数值上，"复合式"隔水底板的综合渗透性 K 为：

$$K = \frac{K_1M_1 + K_2M_2}{M_1 + M_2}$$ （4 - 5）

由式(4 - 5)可知，虽然"复合式"隔水岩体的综合渗透性介于摆佐组(C_1b)和梁山组(P_1l)之间，但其岩体厚度为摆佐组(C_1b)和梁山组(P_1l)之和($M_1 + M_2$)，其阻隔水的能力明显增强。

因此，"复合式"隔水岩体的综合阻隔水能力比单独的摆佐组(C_1b)或梁山组(P_1l)都强，水渗透复合式隔水岩体的能力降低。

4.3.5　复合式隔水岩层综合评价

通过 4.1 节和 4.2 节的描述可知，梁山组(P_1l)隔水层隔水性能良好，厚度分布均匀，是可靠的隔水岩层，厚度为 16 ~ 23 m；摆佐组(C_1b)在研究区范围的岩溶发育较弱，稳定性好，分布延续，岩体属较完整岩石，厚度为 48 ~ 75 m。开采破坏深度约 7.9 m，不影响岩体整体稳定性。

因此，依据研究区地质特征及附矿特点，本专著提出"复合式"隔水底板的概念，即把矿层直接底板摆佐组(C_1b)与间接底板梁山组(P_1l)合并统一为"复合式"隔水岩体，共同承受阻隔栖霞 - 茅口组灰岩($P_1q + P_1m$)的高水压力。实际为研究岩体结构 - 阻水能力、岩体强度 - 抗破坏能力的一种力学关系。前者主要研究岩石的含水特征，如层间断层、岩溶发育规律、岩层渗流系数、节理裂隙和密度等；后者主要指在采矿扰动破坏下，隔水岩体的抗破坏能力。

本专著提出"复合式"隔水底板概念，并用于评价矿山开采至最低生产中段 1040 m 中段时，栖霞 - 茅口组($P_1q + P_1m$)灰岩的突水威胁。梁山组隔水层为矿层的间接底板，其上为摆佐组直接底板，两层合并统一的"复合式"隔水岩体总厚度为 64 ~ 98 m，该层在矿区内广泛分布，属中等较完整岩石，稳定性较好。经计算，隔水层安全厚度为 21.27 m；"复合式"隔水岩体实际厚度是所需安全厚度的 3 ~ 4.6 倍。

综上所述，当开采中段达到 1040 m 中段时，其崩落界限距离梁山组顶板约 60 m。"复合式"隔水底板仍具有良好的隔水效果，可有效阻隔栖霞 - 茅口组 ($P_1q + P_1m$) 灰岩岩溶水涌入矿坑。

4.4　小结

根据研究区矿系隔水底板摆佐组和间接底板梁山组的岩层组合特征,提出"复合式"隔水底板概念。针对组合岩体的特征,如岩溶发育规律、富水性、层间断层、岩层渗流系数、节理裂隙和密度等,评价在采空区或巷道的影响下,复合式隔水底板的抗破坏能力,研究发现:

(1)梁山组隔水层属半坚硬岩石,较完整,稳定性好;摆佐组岩溶弱发育,属坚硬岩石,完整,厚度大,稳定性好,两岩层可以合并统一为"复合式"隔水岩体,水流穿透该层的穿透能力降低;

(2)矿山延伸至最低开采中段 1040 m 中段时,"复合式"隔水底板所承受的静水压力为 2.73 MPa,此时所需"复合式"隔水底板的安全厚度为 21.26 m,而其实际厚度达到 64 ~ 98 m,是所需安全厚度的 3 ~ 4.6 倍,"复合式"隔水底板能有效阻止栖霞 – 茅口组($P_1q + P_1m$)灰岩岩溶水灌入矿坑。

(3)随着开采巷道的延深,研究区内断层未继续向下延深,岩溶发育程度也明显减弱;研究区断层未在栖霞 – 茅口组、梁山组和摆佐组之间沟通,而产生地下水的通道。

综上所述,研究区开采至最低开采中段 1040 m 中段时,"复合式"隔水底板仍具有隔水性能。总体上,研究区梁山组和摆佐组岩体层位稳定,深部未发现断裂构造。在延伸开采过程中,隔水底板未遭受破坏的情况下,地表水体不会通过断裂、冒落带等直接灌入矿坑,故不会对开采产生威胁。

第 5 章　迎燕水库渗漏对矿区矿坑安全的影响

5.1　引言

迎燕水库位于林歹铝土矿区北东方向约 1.2 km，正常蓄水标高为 1286 m，高出最低开采中段 1040 m 中段 246 m，水压达到 2.46 MPa。矿山延伸开采过程中，如果水库发生渗漏，通过某种途径涌入矿坑，在高水头差作用下，库区水将如同大坝溃堤，源源不断地涌入矿坑，造成矿坑突水或淹井事故。因此，评估迎燕水库的渗漏对矿坑开采的影响也是矿山防治水方案设计的重点研究内容。

水库渗漏量的预测是评估岩溶水库渗漏的关键。岩溶区水库渗漏量影响因素复杂繁多，难以用具体的数学模型建立各参数之间的非线性关系，以定量评价水库渗漏量，因此，渗漏问题是本次影响评估的瓶颈。岩溶水库渗漏评估研究，最早是运用法国水利学家达西创立的渗流公式。我国的研究主要始于 20 世纪 80 年代，1991 年陈训源利用相关分析法评估了酌江水库的渗漏量，开启了我国对岩溶水库渗漏研究的快速发展模式，其中 visual modflow 和 GIS 应用广泛。然而，很多研究在评估水库渗漏方面，很难处理各影响因素随机性和复杂性的非线性关系，同时大多忽略了对水文地质条件的深入分析，要么须投入巨资以获取不完全具代表性的参数；要么在模型建立的参数设置时，加入较多主观因素，导致评估效果或经济效益不理想。

人工神经网络所特有的功能体现在独立地接受、处理和传递信息。通过对新样本的学习，不断获取和积累经验，在输入和输出过程中建立一种复杂的非线性关系。BP 网络具有反向传递并自我修正误差的强大自我学习和分类记忆功能，通过不断地自我学习可使误差达到系统要求。因此，利用 BP 神经网络模型评估岩溶水库的渗漏具有独特优势。本专著以贵州岩溶地区迎燕水库为例，收集 57 个同类水库渗漏实例，在详细分析库区水文地质条件的基础上，构建 BP 神经网络模型，目的是准确有效地定量评估迎燕水库的渗漏，为同类水库渗漏评价提供新思路，为矿山防治水方案的设计提供理论依据。

5.2　迎燕水库概况

迎燕水库坐落在燕龙河之上，属于长江流域的乌江水系猫跳河支流。库区基岩(倒转后)倾向东，倾角一般为 50°~60°。水库位于林歹矿区北偏东 15°，距离约 1.2 km，公路直抵大坝左端，交通较便利，详见第 2 章图 2-1。库区坝体材料为石材，采用拱形浆砌设计，高度达 50.5 m，坝体的顶部高程为 1292.5 m，有效蓄水量达 500 万 m^3。水库围岩以阻隔水性能较好的页岩、砂岩、砂质页岩为主，但水库东侧的围岩存在灰岩夹层，是水库渗漏的主要隐患之一。1974 年 4 月，水库开始动工，1977 年 8 月大坝建成。试运行过程中，右坝肩出现绕坝渗漏两点和坝体多处点小渗透，总渗漏量达 50 L/s。1981 年 9 月进行防渗注浆，效果明显，仅有两股射流存在。

5.2.1　地质条件

水库区域地形地貌主要有两种形态，分别为溶蚀峰丛洼地和构造侵蚀中山，峰顶高程一般为 1260~1360 m。水库围岩主要为寒武系下统金顶山组($\in_1 j$)岩层，第四系堆积层(Q)覆盖在基岩之上。库区围岩全部处于清镇—长顺复式背斜(落夯背斜)的西翼，均为单斜地层展露。

寒武系金顶山组($\in_1 j$)主要由页岩、砂岩、砂质页岩组成，其在水库东侧出露鲕状灰岩和铁质砂岩，总体具有较好的阻隔水性能。但岩层中夹杂的鲕状灰岩和砂岩发育较多裂隙，局部可发现泉，流量约为 0.013~0.76 L/s，对水库存在一定的岩溶渗漏风险。两坝肩坐落在灰绿、褐红色薄至中厚层浅变质砂岩、泥质粉砂岩，夹杂少量粉砂质泥岩的岩体上，隔水性能较好。

第四系(Q)：库区不同部位，第四系覆盖层的成因也稍有所差别，库区尾部覆盖层主要为冲洪积层，库内坝体位置主要为淤积层，含黏土、粉砂泥及有机质。

5.2.2　水文地质条件

库底地层为第四系堆积层(Q)及寒武系金顶山组($\in_1 j$)。矿区—迎燕水库水文地质剖面如图 5-1 所示。

金顶山组($\in_1 j$)主要岩性为页岩、砂岩页岩、泥质砂岩，零星分布铁质砂岩和鲕状灰岩，隔水性能良好。岩体重，鲕状灰岩及砂岩裂隙发育，局部出现泉，流量

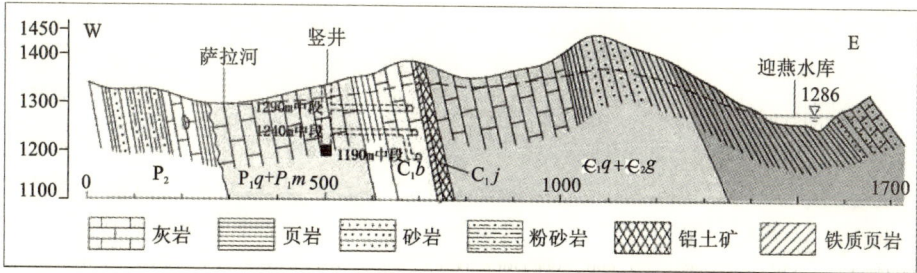

图 5 - 1　矿区—迎燕水库水文地质剖面示意图

一般为 0.011 ~ 0.79 L/s。寒武系金顶山组共（$\mathcal{E}_1 j$）有七层，由老至新如下：

第一层（$\mathcal{E}_1 j_1$）：浅灰绿色，主要岩性为石英砂岩及泥质砂岩，夹粉砂质泥岩，中厚层状，厚度大于 50 m。

第二层（$\mathcal{E}_1 j_2$）：黄绿色，中部夹约 1.4 m 的黄灰色，主要岩性为粉砂质泥岩，薄 - 中厚层状，局部夹泥质粉砂岩。在右坝肩区域，岩层夹杂 7 ~ 8 层 0.2 ~ 0.3 m 厚的灰黑色云母黏土岩，厚 13.6 m。

第三层（$\mathcal{E}_1 j_3$）：灰绿、褐红色，浅部质砂岩，泥质粉砂岩，两坝肩主要坐落于该层，厚 26.2 m。

第四层（$\mathcal{E}_1 j_4$）：褐红色，钙质石英砂岩，强度高，厚层状，单层厚 0.6 ~ 1.0 m，厚 4.5 m。

第五层（$\mathcal{E}_1 j_5$）：灰绿色，主要为砂质泥岩，泥质粉砂岩，薄层，局部中厚层，厚 30.0 m。

第六层（$\mathcal{E}_1 j_6$）：灰绿色，页岩，薄层状，厚 15.9 m。

第七层（$\mathcal{E}_1 j_7$）：灰、灰绿色，主要为泥质砂岩，局部夹粉砂质泥岩，偶见钙质砂岩，薄 - 中厚层，厚约 28.3 m。

第四系：库区尾部主要为冲洪积层，库内主要为淤积层，含黏土、粉砂泥及有机质。

5.2.3　水库渗漏条件分析

库区以南为猫跳河流域。水库范围内，地表水分水岭跟地下水分水岭基本一致。破岩—中寨地下分水岭使分水岭以南地下水沿着站街向斜核部流至上龙井，以地下河的方式流出地表，然后再通过上龙滩坝洼地补给地下水。因此，地下水径流带未经过库区，对水库影响不大。

石炭系摆佐组（$C_1 b$）碎屑岩分布于库区左岸，呈现完整封闭形状，摆佐组（$C_1 b$）的分布能有效地阻隔寒武系清虚洞 - 高台组（$\mathcal{E}_1 q + \mathcal{E}_2 g$）含水层的水通往其他含水层的水力通道。

寒武系明心寺组($\mathbb{C}_1m$)和金顶山组($\mathbb{C}_1j$)出露于库区右岸,主要岩性为不透水或弱透水的页岩、泥砂岩或砂岩,具有较好的隔水性能。但少部分灰岩(鲕状)出露处,防渗处理不好,存在泄漏的可能性。

因此,迎燕水库位于单斜构造区内,库区未存在大的断裂构造,"S"形的河湾横谷连接库首与库尾,周围岩体风化不严重,岩体间无倾角较缓的裂隙面存在,地下水分水岭一般远高于水库蓄水位。库区整体蓄水性条件较好,局部存在泄漏隐患。

5.3 BP 神经网络模型

人工神经网络能够处理高度非线性复杂问题,类似于一阶特性的人类大脑系统。

5.3.1 BP 神经网络

BP 网络的结构特征为单向传播的多层前馈,包含输入层、隐含层和输出层。它的显著优点是利用输出层结果与实例数据的误差,估算直接前导层的误差,再利用这个估算的误差推导更前一层的误差,以此类推,可获得网络各层的误差估计。紧接着,通过不断调整各层的权重,把误差估算不断逼近到一个系统可以接受的范围,从而达到预期效果。最小二乘法是 BP 神经网络采用的计算方法,它的主要任务是使输出值和期望值的误差均方差最小。BP 神经网络的示意图见图 5 - 2。

5.3.2 前馈计算方法

BP 神经网络的算法包含两个阶段 4 个步骤:

1)向前传播阶段

①任意选取样本集的一个样本(S_p,Y_p),把输入层参数 S_p 输到网格;

②在输出层得到相应的实际输出 O_p。

此过程中,BP 神经网络按正常的运行步骤完成,输入值经过输入层后不断地逐级计算和变换,最后到达输出层,运算过程为:

$$O_p = F_n(\cdots(F_2(F_1(S_pW(1))(2))\cdots)(n)) \qquad (5-1)$$

式中:S_p 表示第 p 个样本的输入参数值,Y_p 表示第 p 个样本的输出预期值,O_p 表示第 p 个样本的实际输出值,$F_n(\cdots(F_2(F_1(S_pW(1))(2))\cdots)(n))$ 表示第 p 组数据在实现 n 次误差调整后的输出函数。

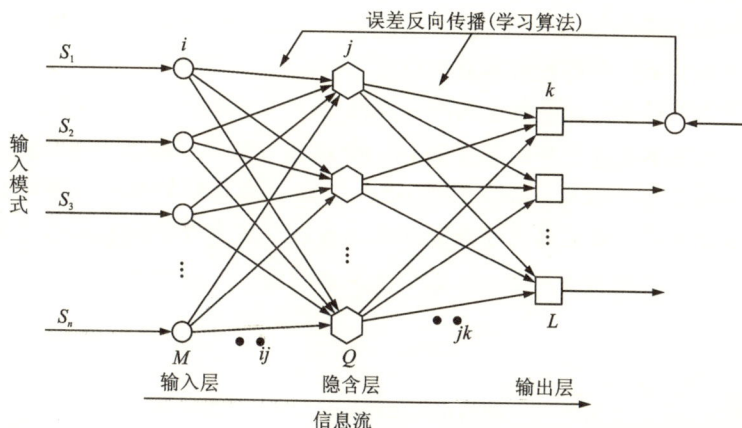

图 5-2　BP 神经网络示意图

2）向后传播阶段

①此步骤的主要目的是计算实际输出的 O_p 值跟预期的 Y_p 值之间的差值；

②按极小化误差的计算方式不断调整权矩阵。

BP 算法的过程一般要求精度控制在可控范围，即用 E_p 来表示第 p 个样本的误差测度：

$$E_p = \frac{1}{2} \sum_{j=1}^{m} (y_{pj} - o_{pj})^2 \qquad (5-2)$$

式中：E_p 表示第 p 个样本的误差测度。

每个误差测度的总和即为 BP 网络的误差测度 E，即：

$$E = \sum E_p \qquad (5-3)$$

5.4　渗透评价结果与讨论

5.4.1　渗透影响因素

影响水库渗漏的因素多而复杂，并且具有空间交互性，针对同类水库渗漏特征进行综合分析，得出定性描述特征、定性变量特征和定量特征三种特征类型：

（1）定性描述特征：仅能对影响参数进行定性评价，如河谷形态、岩溶通道和河床水文特征等；

（2）定性变量特征：影响因素具有较明确的变化特征，如地质构造特征、防渗处理及岩性渗透特征；

（3）定量特征：可用具体的数据量化表示影响因素的特征，如渗漏水头、地下分水岭水位、岩溶发育程度和基岩性质。

因此，鉴于影响水库渗漏的各因素的复杂性和随机性，在进行 BP 网络计算前，须把非定量因素进行等级量化划分。BP 网络在训练、检验和评估时，并不是选取的量化参数越多越好，量化参数太多，往往会使各层的精度估算时出现较大偏差。针对迎燕水库的地质特征和各影响因素的分析概括，共选取 10 种影响因素作为致漏因子并进行量化处理，并划分为 3 个等级，各渗漏因素的量化分级情况如表 5-1 所示。

表 5-1 岩溶水库渗漏影响因素分级量化表

因素	等级	量值	因素	等级	量值
河谷形态（S1）	横向谷	1	基岩渗透特征（S6）	弱渗透	1
	斜向谷	2		中等渗透	2
	纵向谷	3		强渗透	3
渗漏通道特征（S2）	溶蚀型	1	渗漏水头（S7）	小于 50 m	1
	岩溶管道型	2		50～100 m	2
	管道型	3		大于 100 m	3
河床水文特征（S3）	补给型	1	地下分水岭水位（S8）	高于水库蓄水位	1
	悬托型	2		低于水库水位 10 m 以下	2
	排泄型	3		低于水库水位 10 m 以上	3
断裂发育程度（S4）	断层裂隙不发育	1	基岩岩溶发育程度（S9）	岩溶发育一般	1
	断层裂隙一般发育	2		岩溶较发育	2
	断层裂隙很发育	3		岩溶强发育	3
防渗处理特征（S5）	严密处理	1	岩性特征（S10）	碎屑岩为主	1
	略为处理	2		不纯或夹碳酸盐岩	2
	未处理	3		纯碳酸盐岩	3

5.4.2 参数筛选

通过收集类似水文地质条件下的 57 个水库渗漏例子，选取的 10 种影响因素分别为河谷形态（S1）、渗漏通道特征（S2）、河床水文特征（S3）、断裂发育特征

（S4）、防渗处理特征（S5）、基岩渗透特征（S6）、渗漏水头（S7）、地下分水岭水位（S8）、基岩岩溶发育程度（S9）和岩性特征（S10）。在选取的 57 组实例数据中，有 4 组数据分级量化后与其他组的完全一致，将其进行合并，因此，本次研究最终选取 53 组有效数据样本进行研究。根据水库特征，本专著确定 40 组样本为训练样本，13 组样本作为检验样本，详见表 5 – 2。

表 5 – 2　BP 神经网络训练和检验样本表

	因素	S1	S2	S3	S4	S5	S6	S7	S8	S9	S10	实测渗漏量 $T_{pk}/(m^3 \cdot s^{-1})$
训练样本	木蓑衣	2	1	1	1	1	1	1	1	1	1	0.120
	猫一	1	1	1	2	3	1	1	2	1	2	0.200
	王家厂	2	1	1	1	1	1	1	1	1	1	0.200
	克里马斯塔塔	1	2	1	3	2	3	3	2	2	2	2.000
	猫三	2	1	1	2	3	1	1	2	1	2	0.190
	若蓝	2	1	1	1	1	1	1	1	1	1	0.200
	马畔塘	2	3	1	2	2	2	1	3	3	2	1.310
	大潭	3	3	1	2	2	2	1	1	2	3	1.400
	卡玛那	3	3	3	3	3	3	3	3	3	2	12.000
	桃曲坡	3	3	3	3	3	3	2	3	3	3	27.800
	凯班	3	3	3	3	3	3	3	3	3	3	26.000
	里团	1	2	3	2	3	1	1	1	1	3	1.680
	仙人沱	1	1	1	1	1	1	1	1	1	3	0.105
	东峰	3	1	1	2	3	1	1	2	1	2	0.210
	陈寺	2	2	1	1	1	1	1	1	1	1	0.250
	杜坎	3	3	3	2	3	3	3	3	2	2	7.000
	猫六	2	2	1	1	1	1	1	3	1	1	0.300
	岭蒙	1	3	1	2	2	2	1	1	2	2	0.600
	奥依玛纳	1	1	2	1	3	2	2	1	1	1	0.200
	猛登	1	2	1	2	2	1	1	1	1	1	0.270
	伏曼	3	1	1	1	1	1	1	1	1	2	0.180

续表 5 − 2

因素		S1	S2	S3	S4	S5	S6	S7	S8	S9	S10	实测渗漏量 $T_{pk}/(\mathrm{m^3 \cdot s^{-1}})$
训练样本	登风	2	1	1	1	1	1	1	1	1	3	0.087
	灌江	2	2	1	1	2	1	1	1	2	3	0.340
	小排吾	3	3	1	3	2	2	1	2	3	2	4.300
	猫二	1	2	1	2	1	1	1	2	1	3	1.000
	蒙特雅克	3	3	3	2	3	2	3	3	3	1	4.000
	穿歼	1	1	1	1	1	1	1	1	1	1	0.003
	龙须河	2	2	1	1	2	1	1	1	1	1	0.087
	巴蒙	1	1	3	2	2	1	1	2	2	2	0.490
	后水河	1	1	1	1	3	1	1	1	1	2	0.005
	六甲	1	1	1	1	3	1	1	1	1	2	0.014
	洛东	1	1	1	1	3	1	1	1	1	2	0.008
	水槽子	2	2	2	2	2	2	2	3	2	3	1.800
	格八	3	3	3	2	3	3	2	2	3	2	5.000
	明溪	2	3	1	3	2	2	1	1	2	2	3.000
	金龙	2	3	3	2	2	2	1	2	3	3	3.000
	附廊	2	1	1	2	1	1	1	1	1	2	0.500
	大江口	3	1	1	1	1	1	1	2	1	3	0.006
	乌江渡	1	1	1	1	1	3	3	1	2	3	0.070
	肖家山	3	2	1	2	2	2	1	1	3	2	1.800

续表 5 − 2

因素		S1	S2	S3	S4	S5	S6	S7	S8	S9	S10	实测渗漏量 $T_{pk}/(\mathrm{m}^3 \cdot \mathrm{s}^{-1})$
检验样本	大化	1	2	1	1	3	2	1	2	2	2	0.140
	独山	1	2	1	1	2	1	1	1	1	2	0.500
	猫五	2	3	1	1	2	3	2	1	1	2	0.160
	圭平	2	1	1	1	2	1	1	1	2	2	0.700
	火石坡	2	2	1	1	2	2	1	2	2	2	0.750
	下桥	2	1	1	1	3	1	1	1	3	2	0.090
	拉浪	2	1	1	1	2	1	2	1	2	2	0.950
	花溪	2	2	1	1	2	2	1	1	2	2	1.200
	拨贡	3	3	3	3	2	3	1	2	3	3	23.00
	旧普韦布洛	1	1	1	1	3	1	2	1	1	1	0.010
	北关	2	2	2	1	2	1	1	2	2	3	1.000
	猫四	2	3	3	3	2	3	2	3	3	3	20.000
	大龙潭	1	3	3	2	2	2	1	1	3	3	4.400

注：土桥、茅七、清底和卡那立斯四个样本分别与仙人、登风、格八和杜坎样本合并。

综上所述，本专著选取 10 个神经元作为输入层的输入值，分别为 S1、S2、S3、S4、S5、S6、S7、S8、S9、S10，而输出层只选一个，隐含层只含两层，以使计算更有优势。

5.4.3　面向 MATLAB 的 BP 算法

利用数学软件 MATLAB 对迎燕水库的渗漏量进行预测，预测实现代码见附录。

5.4.4　水库渗漏量

通过 BP 神经网络的训练，得到的结果如图 5 − 3 ~ 图 5 − 6 所示。由图中可知，BP 模型在训练过程中，R 值均大于 0.99，拟合效果良好，通过样本数据检验，说明所建立的 BP 模型具有很高的评估能力，可以有效评估迎燕水库的渗漏量。

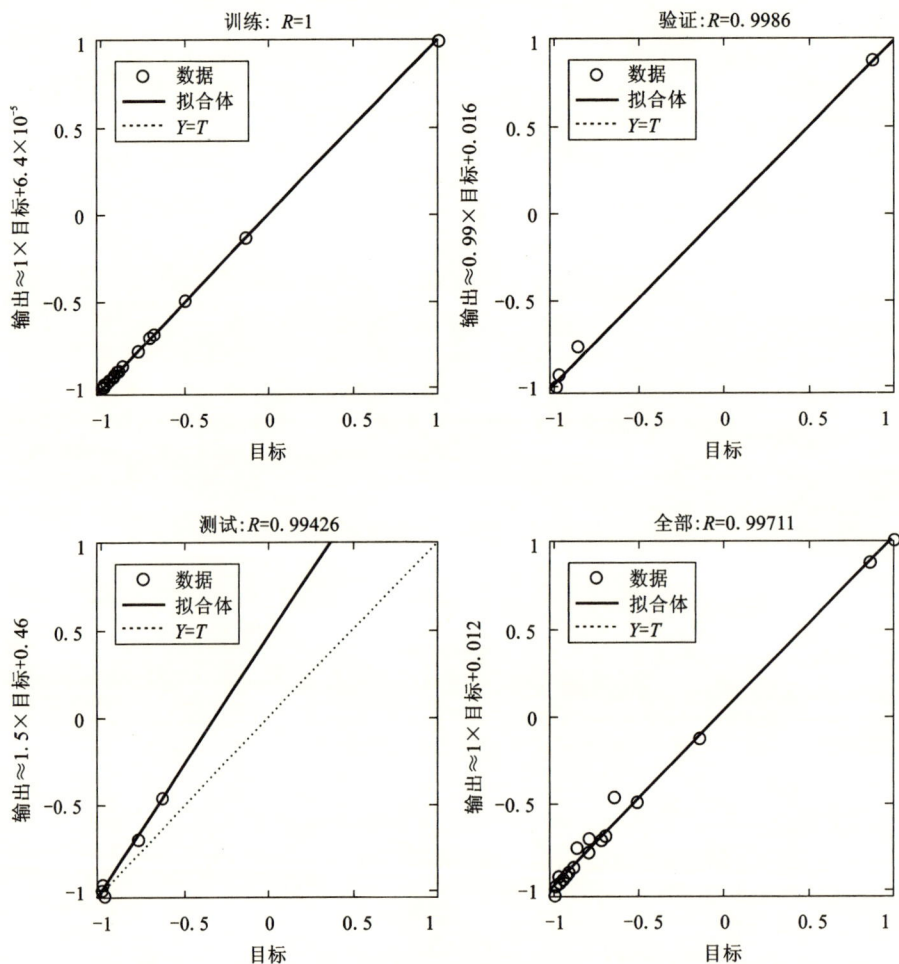

图 5 - 3   模型拟合效果示意图

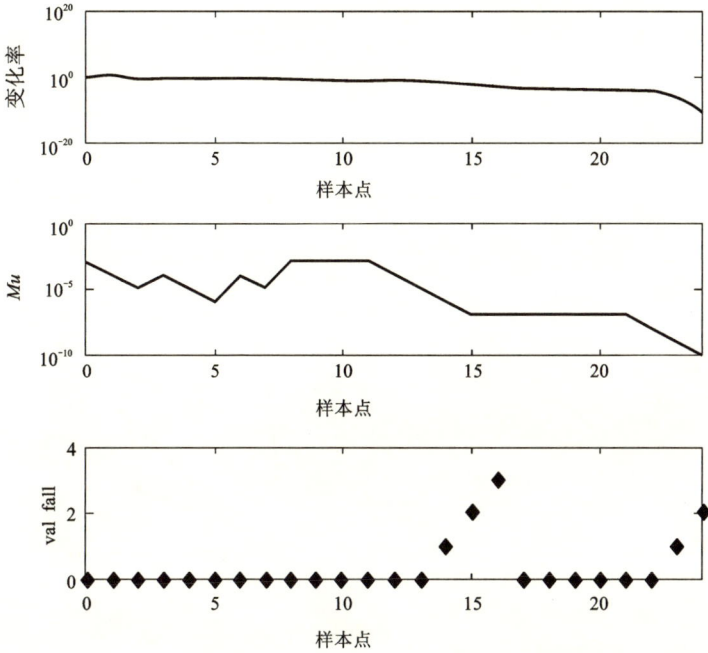

图 5 - 4　模型拟合过程示意图

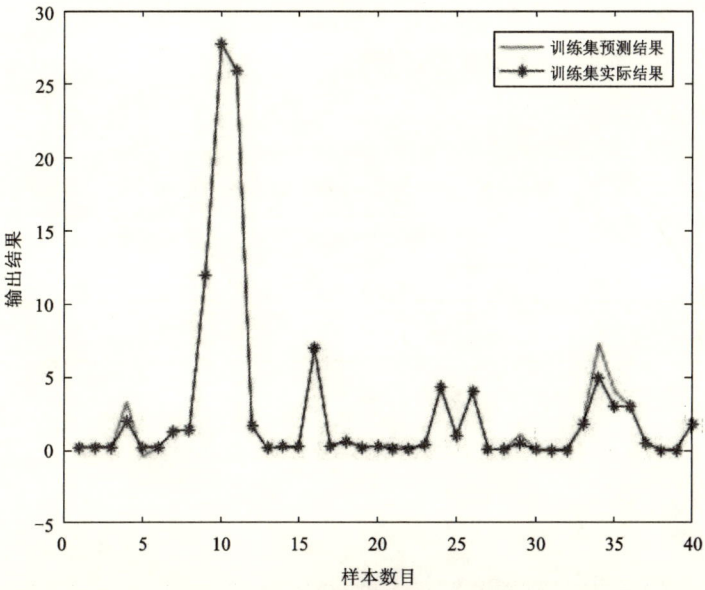

图 5 - 5　学习样本训练效果对比图

测试集预测结果对比

$R^2=0.98631$

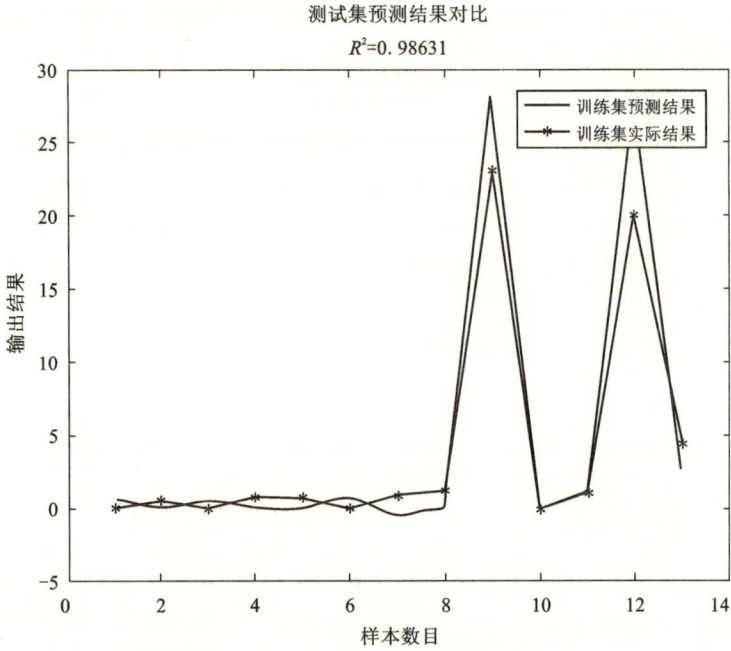

图5-6 测试样本检验效果图

综合分析迎燕水库区的地质与水文地质特征,归纳得出渗漏的各神经元特征如表5-3所示。按表5-3的数值进行输入预测,可得输出值为0.013 m³/s,说明水库渗漏对邻近林歹矿区矿坑涌水基本无影响。

表5-3 迎燕水库渗漏影响因子分级表

名称	影响因素										评估结果 $Q/(\text{m}^3 \cdot \text{s}^{-1})$
	S1	S2	S3	S4	S5	S6	S7	S8	S9	S10	
迎燕水库	1	1	1	1	2	1	1	1	1	2	0.013

5.5 小结

本节针对迎燕水库渗漏影响因素具有随机性和复杂性的特点,利用BP神经网络具有反向传递并自我修正误差的独特优势,在收集57个岩溶水库的渗漏实例和分析库区水文地质特征基础上，构建 BP 神经网络，通过对 40 个训练样本的学习和 13 个检验样本的检验，得到的 BP 网络模型具有较高的精度。通过该模型的计算得到迎燕水库的渗漏量为 0.013 m^3/s。表明迎燕水库库区仅有坝体微弱渗漏，蓄水条件良好，不会对矿坑安全产生威胁。

　　自然状态下，研究区九架炉组含矿层属隔水层，阻隔摆佐组与清虚洞 – 高台组含水层之间的水力联系。随着采矿活动的推移，九架炉组隔水性能逐渐失效，致使摆佐组与清虚洞 – 高台组合为"统一含水层"。水位观测和坑道调查资料显示，开采 1190 m 中段铝矿时，水库对矿坑开采不产生威胁；当开采加深后，"统一含水层"水位继续下降，水头增大。库区水可能会透过金顶山组页岩、砂质页岩等隔水岩体对虚洞 – 高台组含水层产生越流补给，但越流量较少，不会威胁矿山正常生产。

第 6 章　矿区岩溶塌陷及其对矿坑安全的影响

6.1　引言

　　岩溶塌陷主要指受人为与自然的影响,覆盖层下部溶洞或土洞在水流不断掏空下,顶板失稳而产生的地面塌落或沉陷。岩溶矿山疏干降压引发的塌陷可以为矿坑涌水提供新的途径,增大矿坑涌水量,进而迫使矿山加大疏干强度,加速了新塌陷的产生,这种恶性循环进一步加剧了矿山水害事故的发生[158, 177]。据统计,我国采矿诱发岩溶塌陷造成的经济损失巨大,直接损失超过 300 亿,引发塌陷坑2000 个以上,较大规模的超过 180 处,面积超过 1150 km²。其中,凡口铅锌矿、马坑铁矿、中关铁矿及水口山铅锌矿等更是塌陷的重灾区。调查显示凡口铅锌矿的塌陷区损坏几十万平方米农田,破坏铁路 4 km、公路 1.5 km,且塌陷还在继续发生。岩溶塌陷已经成为非煤矿山生产及水害防治不可回避的研究课题。

　　岩溶塌陷是水 – 土 – 岩 – 气与环境相互作用产生的,其产生的根本原因在于塌陷体受到的致塌力超过其抗塌力,从而造成塌陷体失稳。塌陷体的抗塌力决定因素有抗剪力、内聚力、水浮力和与周边的摩擦程度等;致塌力除自身重量外,更易于受外部环境决定,其影响因素有地下水渗透力、震动液化及空气正负压力等。因此,岩溶塌陷主要是在荷载、重力、潜蚀、冲爆、溶蚀及真空吸蚀等多重作用效应下孕育、发展、产生的。早期岩溶塌陷的评价方法主要有经验值法、统计学法、多元回归法等,但这些仅进行定性描述;随着技术机技术的发展,神经网络、灰色理论法、模糊贴近度法及 GIS 技术等定量、半定量方法得到广泛应用,取得了显著效果[67-69]。然而,岩溶塌陷具有多因素性、模糊性及隐蔽性,影响因素复杂繁多且无界限值,各因素间又具明显的空间实效性,难以用准确的数学方法定量表示,而且定量描述所需的大量参数数据难以获取,因此,结合 GIS 技术的半定量层次分析法在解决大比例的实际工程时具有独特的优势。

本专著针对贵州林歹矿区的岩溶塌陷问题，在深入分析矿区水文地质特征的基础上，选取岩溶发育条件 B1（岩溶发育程度 C1、地质构造发育程度 C2）、覆盖层条件 B2（第四系土层厚度 C3、第四系土层结构 C4）和地下水动力条件 B3（地下水位波动幅度 C5、地下水位与基岩面关系 C6、地下水疏干程度 C7）3 个条件共计 7 个因子作为影响因素，建立判别矩阵并进行权重赋值，继而利用 GIS 的空间叠加技术预测矿区岩溶塌陷易发区，评判所建模型的可靠性。在此基础上，针对不同的水动力条件，预测矿区地下延伸开采时，矿层隔水底板保持完整和遭受破坏两种状况下的塌陷易发区，指导总图的布局设计和塌陷防治措施方案的制定，为矿山防治水方案设计提供支撑。

6.2　评价模型

6.2.1　评价模型建立

层次分析法（the analytic hierarchy process，简称 AHP）在建立不同目标层的基础上，对各因子的权重赋值并进行一致性检验，明确各评估因子对目标层的权重。综合分析矿区地质条件特征，归纳致塌因素为三大条件 7 个因子，分述如下：（1）岩溶发育条件（B1），包括岩溶发育程度（C1）和地质构造发育程度（C2）；（2）第四系覆盖层特征（B2），包括第四系土层厚度（C3）和第四系土层结构（C4）；（3）地下水动力条件（B3），包括地下水位波动幅度（C5）、地下水位与基岩面关系（C6）以及地下水疏干程度（C7）。岩溶塌陷评价模型采用一元多项式，根据塌陷易发程度判别矩阵，建立 7 个因子的量化数据库，进而利用 AHP 确立各因子的权重，并按各影响因子对塌陷的作用进行等级划分，给出归一化指标，最后将各因子按权重进行叠加。研究区的评价模型公式见式（6 - 1），评价指标体系示意图详见图 6 - 1。

岩溶塌陷易发性评价结果 H 表达式为：

$$H = A_1 \cdot X_1 + A_2 \cdot X_2 + \cdots + A_i \cdot X_i \tag{6-1}$$

式中：X_i 为各评价指标；A_i 为权重。

6.2.2　评价因子权重确定

6.2.2.1　判别矩阵的建立

层次分析法首先需要建立判别矩阵，对两两因素的相对重要性进行量化，以

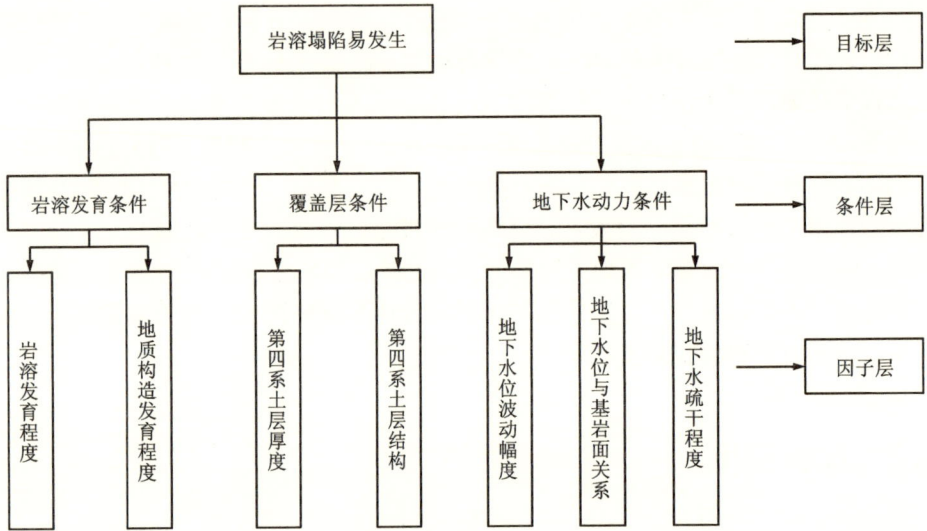

图 6-1 矿区岩溶塌陷易发程度评价体系示意图

确定评价因子的权重，其次确定权重指标，接着通过因子层对条件层以及条件层对目标层的权重乘积即可得出各评价因子对目标层的最终权重，最后进行一致性检验。

针对矿区地质特征及开采疏干现状，归纳得各评价因子的相对重要性，得出条件层(A)对目标层(B)的判别矩阵如表 6.1 所示；因子层(A)对条件层(B)的判别矩阵如表 6-2~表 6-4 所示：

表 6-1 条件层 A 对目标层 B 的判别矩阵

A	岩溶发育条件 B1	覆盖层条件 B2	地下水动力条件 B3
岩溶发育条件 B1	1	3	1/2
覆盖层条件 B2	1/3	1	1/4
地下水动力条件 B3	2	4	1

表 6-2 因子层 C 对岩溶发育条件 B1 的判别矩阵

B1	岩溶发育程度 C1	地质构造发育程度 C2
岩溶发育程度 C1	1	3
地质构造发育程度 C2	1/3	1

表 6 - 3　因子层 C 对覆盖层条件 B2 的判别矩阵

B2	岩溶发育程度 C3	地质构造发育程度 C3
岩溶发育程度 C3	1	3
地质构造发育程度 C4	1/3	1

表 6 - 4　因子层 C 对地下水动力条件 B3 的判别矩阵

A	地下水位波动幅度 C5	地下水位与基岩面关系 C6	地下水位疏干程度 C7
地下水位波动幅度 C5	1	3	2
地下水位与基岩面关系 C6	1/3	1	1/4
地下水位疏干程度 C7	1/2	4	1

　　综合以上条件层和因子层的判别矩阵，应用层次分析法，可得到各影响因子对目标层的最终权重，如图 6 - 2 所示。从中可以发现，地下水疏干程度所占权重最大，为 0.3281，暗示着该因素对矿区的岩溶塌陷影响最大。

　　根据图 6 - 2 结果，评价模型的评价结果 H 为：

　　$H = 0.2397 \cdot$ 岩溶发育程度 $+ 0.0799 \cdot$ 地质构造发育程度 $+ 0.0305 \cdot$ 第四系土层厚度 $+ 0.0915 \cdot$ 第四系土层结构 $+ 0.1806 \cdot$ 地下水位波动幅度 $+ 0.0497 \cdot$ 地下水位与基岩面关系 $+ 0.3281 \cdot$ 地下水疏干程度　　　　　　　　　　　(6 - 2)

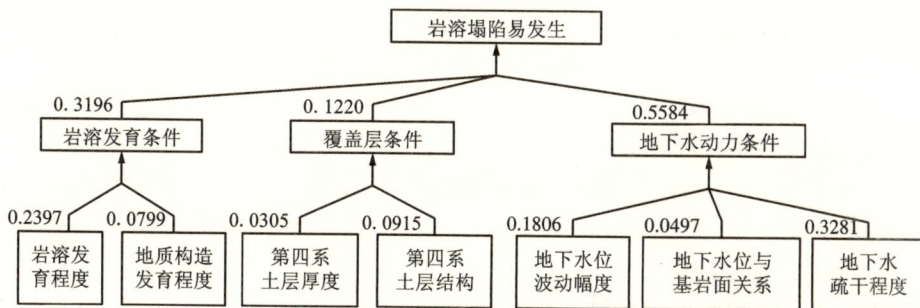

图 6 - 2　矿区岩溶塌陷易发性权重分析示意图

6.2.2.2 一致性检验

判断因子的一致性检验是判断特征向量的特征值能否作为比较因子的权向量的有效手段,也是评估判断矩阵有效性的关键。通常用一致性比率 C_R 判断矩阵的不一致性是否在精度范围,即:

$$C_R = \frac{C_I}{R_I} \qquad\qquad (6-3)$$

其中: C_I 为一致性指标,用 $C_I = \frac{(\lambda - n)}{n - 1}$ 表示; R_I 为随机一致性指标,取值如表6 - 5 所示。

表6-5 随机一致性指标

n	1	2	3	4	5	6	7	8	9
R_I	0	0	0.58	0.9	1.12	1.24	1.32	1.41	1.46

通过计算可得,判别矩阵表6 - 1 ~ 表6 - 4 的最大特征根 λ_m 分别为3.02、2.0、2.0 和3.01,一致性比率分别为0.0176、0.0、0.0 和0.0088,一致性比率最大才0.0176,与0.1 相差近一个数量级,因此可知判断矩阵通过一致性检验,可用式(6 - 2)评价矿区的塌陷易发区。

6.3 岩溶塌陷评价结果与影响分析

6.3.1 评价因子赋值

GIS(geographic information system)具有强大的空间数据处理能力,可对各影响因子的权进行重叠加处理。因此,本专著在 AHP 的基础上使用 GIS 预测研究区的塌陷易发程度。为统一各触发因素和空间分析,以值1 ~ 10 来表征7 个因子的影响程度,值越大,对塌陷的影响就越大,对各因子的描述如下:

(1)岩溶发育程度

岩溶发育程度反映矿区基岩的岩溶发育现状和类型,针对不同岩溶发育程度,赋值情况如表6 - 6 所示,按照矿区基岩的岩溶发育程度分为强发育区、中等发育区、弱发育区,赋值分别为10、7、3。

表6-6　岩溶发育程度因子赋值表

岩溶发育程度	影响程度	赋值
强发育区	高影响区	10
中等发育区	中影响区	7
弱-中等发育区	低影响区	3
非岩溶区	无影响区	0

（2）地质构造

地质构造会切断基岩，增强矿区的导水能力，使岩溶水沿构造贯通，有利于岩溶的发育与形成。针对与断层的不同距离，赋值情况如表6-7所示，本次研究将矿区的构造进行缓冲区分析，把断裂影响带50 m内划分为高影响区，赋值为10；50~100 m为中影响区，赋值为5。

表6-7　断层因子赋值表

距断层距离/m	影响程度	赋值
0~50	高影响区	10
50~100	中影响区	5
>100	低影响区	0

（3）第四系土层厚度

第四系土层厚度越薄，对岩溶塌陷的发生影响越严重。针对不同土层厚度，赋值情况如表6-8所示。本次研究将土层厚度0~10 m区域划为高影响区，赋值10，厚度10~20 m的区域划分为中影响区，赋值5，厚度>20 m的区域划为低影响区，赋值1。

表6-8　第四系土层厚度赋值表

第四系土层厚度/m	影响程度	赋值
0~10	高影响区	10
10~20	中影响区	5
>20	低影响区	1

(4)第四系土层结构

第四系土层结构的不同组成会对岩溶塌陷产生不同影响，正常情况下，二元结构的土层最容易发生岩溶塌陷。针对不同土层结构，赋值情况如表6-9所示，本次研究将二元结构土层赋值为10，一元结构土层赋值为7，多元结构赋值为1。

表6-9　第四系土层结构赋值表

第四系土层结构/m	影响程度	赋值
二元结构	高影响区	10
一元结构	中影响区	7
多元结构	低影响区	1

(5)地下水位波动幅度

矿区在大气降水和采矿疏干的影响下，不同岩层的地下水位波动幅度不一，一般地下水位波动幅度越大的区域，对岩溶塌陷的影响权重越大。针对不同波动幅度，赋值情况如表6-10所示，本次研究将水位波动幅度>8 m/a的地区划为高影响区，赋值为10；3~8 m/a的地区为中影响区，赋值为5；<2 m/a的地区为低影响区，赋值为1。

表6-10　水位波动幅度赋值表

地下水位波动幅度/(m·a^{-1})	影响程度	赋值
>8	高影响区	10
3-8	中影响区	5
<3	低影响区	1

(6)地下水位与基岩面的关系

正常情况下，地下水位在基岩面上下波动，最易发生岩溶塌陷。针对地下水位与基岩面的距离关系，赋值情况如表6-11所示，本次研究将地下水位在基岩面附近3~10 m波动的区域定为高影响区，赋值为10；将地下水位在基岩面以下10 m的区域赋值为7；地下水位在基岩面以上的区域赋值为3。

表6-11　地下水位与基岩面的关系赋值表

地下水位与基岩面的关系	影响程度	赋值
基岩面附近3~10 m	高影响区	10
基岩面以下10 m	中影响区	5
基岩面以上	低影响区	3

（7）地下水疏干程度

地下水的活动显著地诱发岩溶塌陷的发生，矿区采矿疏干改变了地下水的天然流场，对矿区岩溶塌陷的发生有重要的影响。针对疏干排水的特点和疏干漏斗影响范围的大小，赋值情况如表6-12所示，本次研究将疏干漏斗中心200 m范围内的区域划分为高影响区域，赋值为10，200~500 m疏干漏斗边缘划分为中影响区，赋值为7，500 m~漏斗边缘为低影响区，赋值为3。

表6-12　地下水疏干程度赋值表

地下水疏干程度	影响程度	赋值
疏干漏斗中心0~200 m	高影响区	10
疏干漏斗中心200~500 m	中影响区	7
疏干漏斗中心500 m~漏斗边缘	低影响区	3

6.3.2　岩溶塌陷易发区评价

为更好地描述二叠系梁山组（P_1l）与石炭系摆佐组（C_1b）组合的岩体阻隔水的作用，本次研究用矿层底板未发生破坏时的地下水疏干程度（C7）单因子图表示其阻水效果，如图6-3所示。由图中可知，因阻水边界的隔水作用，疏干范围呈椭圆展布，椭圆长轴沿地层走向；疏干椭圆的范围在阻水边界部位被边界切除。

依据模型评价结果H[式（6-2）]，利用GIS技术综合评估林歹矿区岩溶塌陷易发区，并与已知塌陷点进行比较，得出矿区岩溶塌陷易发区，如图6-4所示。从图中发现：①矿区的24个已知塌陷点，有21个处于塌陷易发区范围，占87.5%；3个处于不稳定区范围，占12.5%；②疏干范围以采矿巷道为中心（CK106附近），呈近南北向展布的西边缺失椭圆形，表明疏干范围未穿过阻水边界，疏干椭圆向南北及东部扩展；③阻水边界西部塌陷易发区占覆盖层的

7.37%，包含 5 个已知塌陷点，主要为自身天然水文地质条件所决定；阻水边界东部塌陷易发区占23.5%，包含 16 个已知塌陷点，主要是由矿山疏干与自身水文地质条件共同作用产生的；④塌陷范围向东扩展未触及燕龙河，岩溶塌陷不会引起燕龙河河水倒灌。因此，基于 AHP 和 GIS 的塌陷易发区划分与矿山实际基本一致，所建模型具有较高的准确度，用来指导矿山建设是可行的。

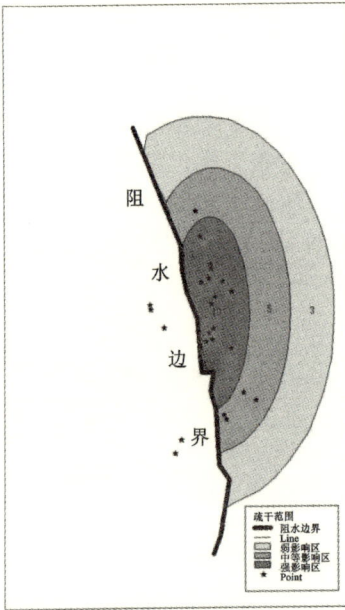

图 6-3　阻水边界隔水效果示意图　　图 6-4　矿山开采现状岩溶塌陷易发区

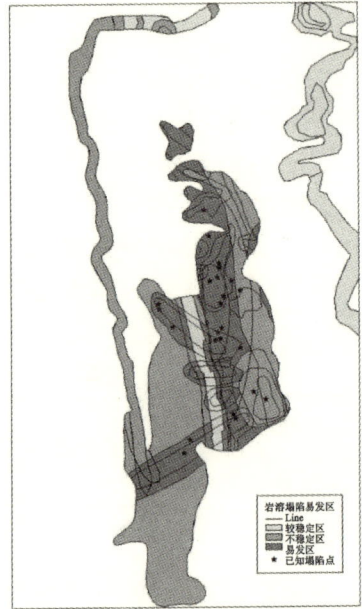

6.3.3　延伸开采对岩溶塌陷的影响

按矿山前期规划优选方案，矿山将延伸现有盲斜井至最低开采中段 1040 m中段，疏干深度将在现有基础上加深 150 m，地下水流场和疏干范围将发生极大的变化，同时栖霞-茅口组（$P_1q + P_1m$）岩溶含水层的水压力会增加 1.5 MPa，这将对二叠系梁山组（P_1l）与石炭系摆佐组（C_1b）组成的隔水岩体的隔水能力产生极大的挑战。在采矿活动中，如人工爆破或采矿方法选取不当等因素作用下，有可能会使隔水底板遭受人为破坏，栖霞-茅口组（$P_1q + P_1m$）将突入矿井，引发底板突水事故，同时极大地改变该含水层的地下水流场，加速岩溶塌陷危害。本专著以已建好的预测模型为依据，分别预测在矿层隔水底板仍具有隔水能力和隔水底板失效两种情况下，矿区延伸开采时的岩溶塌陷易发区，为矿山的岩溶塌陷防治工作和延伸开采防治水工作提供指导作用。

　　针对矿区延伸开采至1040 m开采中段时的水文地质条件变化趋势,结合各影响因子权重[式(6-2)],利用GIS空间叠加技术对矿区延伸开采时隔水底板未发生破坏时和发生破坏时两种情况下的矿区岩溶易发区进行预测,结果分别如图6-5和图6-6所示。

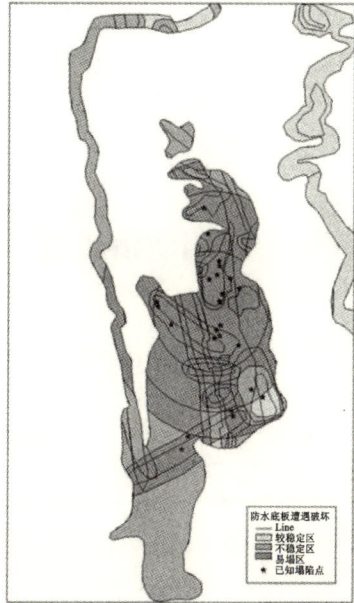

图6-5　隔水底板未破坏时的易发区　　　　图6-6　隔水底板破坏时的易发区

　　从图6-5可知,矿山延伸开采后,在隔水底板仍具有隔水性能的条件下,塌陷易发区有如下特征:①矿区塌陷易发区范围占覆盖层面积53.2%,受阻水边界作用,疏干椭圆未穿过边界,边界东部未受疏干影响;②塌陷易发区基本包含阻水边界以东,燕龙河以西的全部第四系范围;③塌陷易发区已触及燕龙河,触及部位达3个地段;燕龙河的河水将可能倒灌进入塌陷区,涌向矿坑,存在潜在的矿坑突水威胁。

　　从图6-6可知,在隔水底板遭受破坏的条件下,矿区塌陷易发区有如下特征:①矿区疏干范围以CK106正东方向约100 m为圆心,呈近圆形展布,易发区范围占覆盖层面积的62.8%;②疏干范围越过阻水边界,塌陷易发区触及萨拉河长达380 m;阻水边界以东,塌陷易发区刚触及燕龙河,疏干范围稍有缩减,形状也有所变化,变为近圆形;③塌陷易发区已扩展到阻水边界西侧的矿区办公楼、宿舍、电影院、篮球场、游泳池、空压机房等建筑物,危及矿山生产和人员安全,且难以进行有效防治。因此,塌陷易发区扩展至岩溶强发育的栖霞-茅口组

$(P_1q + P_1m)$ 富含水层，并触及萨拉河，可能会发生灾难性的水害事故。

矿山在延伸开采时，隔水底板的有效保护将是矿山有效运行的关键因素。底板破坏的主要危害有：①岩溶塌陷易发区将涵盖矿区办公楼、宿舍及空压机房等建筑物，可能使建筑物沉降、倾向甚至倒塌，危害矿山生产和人员安全；②栖霞 – 茅口组$(P_1q + P_1m)$岩溶水将直接涌入矿坑，增加矿坑突水危险，增加矿山防治水难度；③阻水边界西侧的新塌陷坑将为大气降雨及萨拉河水倒灌提供新的矿坑突水通道。这些危害将给矿山带来不可挽回的损失，即使投入巨资也难以进行有效防治，因此，矿山进行延伸开采时，首要任务是防止隔水底板遭受破坏，这也将是矿山有效生产的关键。

6.4　岩溶塌陷防治措施

总结国内外矿区岩溶塌陷的防治措施，可概括为两步：第一步是塌陷发生前防治，主要为总体布局，尽量把建筑物修建在稳定区，建立地面塌陷监测网；第二步是塌陷发生后的防治，主要为塌洞的回填，分为普通回填和清基回填、修建截水沟和帷幕灌浆等方法。

6.4.1　塌陷前的预防措施

塌陷产生前，根据林歹铝土矿区塌陷易发区预测结果，可采取如下预防措施。包括：

（1）合理对建筑物进行总体布局

矿山建设总体布局，决定着各生产环节重要建、构筑物的位置，一经施工，发生问题后再重新变更，不仅会使矿山各生产环节的配合失去合理性，而目还会造成极大的浪费和很坏的影响。一般情况下，考虑到深基础处理投资大、施工复杂，岩溶塌陷矿区总体布置时，在经济合理的条件下，往往采取如下处理原则：将重要建筑物设在安全区；当建筑物不得不设在岩溶塌陷范围内时，须根据需要进行不同的地基或其他稳固措施处理。

林歹铝土矿区办公楼、宿舍、电影院、空压机房等均位于塌陷易发区，若建构筑物地基持力层为第四系土层，在栖霞 – 茅口组$(P_1q + P_1m)$溶洞裂隙含水层因矿井突水或抽排该层地下水导致水位下降时，该建构筑物将受到很大威胁，坍塌及大幅开裂、变形很可能发生，建议在延伸开采时改选塌陷稳定区及相对稳定区作为建构筑物建设场地。对已建于塌陷易发区或可能塌陷区（基底为栖霞 – 茅口组灰岩）的建构筑物，应加强地面变形监测。

（2）控制地下水位下降速度和防止突然涌水

研究区岩溶塌陷评价结果（6.3.2 节）显示，易塌陷区主要是基底为栖霞－茅口组（$P_1q + P_1m$）灰岩、覆盖层为第四系土层的地段。这意味着，正常情况下采矿及疏干排水不会触及该层。然而，当施工于该区域的竖井、石门揭露大的溶洞突水后强排地下水或采用供水管井大规模抽取地下水时，均会导致该层水位迅速下降，塌陷也随之产生。因此，防止竖井突水、突水后避免强排地下水、避免大规模的抽取栖霞－茅口组（$P_1q + P_1m$）溶洞裂隙含水层的地下水，是防止塌陷易发区域产生塌陷的必要前提。

（3）设置矿区岩溶塌陷的监测网

设置矿区岩溶塌陷的监测网可为下一步的岩溶塌陷治理提供技术和数据支撑。

从根本上来讲，在本研究区范围内，井下开采过程中不破坏梁山组隔水层，保持栖霞－茅口组（$P_1q + P_1m$）溶洞裂隙含水层地下水位的天然状态是预防塌陷的最主要措施。

6.4.2　塌陷后的治理措施

矿床疏干排水产生塌陷后，应及时治理。结合我国这方面已有成果，针对林歹铝土矿区已发生的岩溶塌陷，建议采取如下措施：

（1）塌洞回填

针对林歹铝土矿区产生的塌洞，进行回填。

当塌洞底部未暴露基底岩溶洞口时，先采用碎石或块石填充，以梗塞下部基底岩溶通道，之后利用黏土覆盖碾压。当这些块石、碎石堆积自然形成反滤层后，细颗粒不易通畅地向下迁移。这种回填法比较简单，缺点是塌洞容易"复活"。

当塌洞底部基底岩溶口露出时，首先对基岩底稍做清理，再视溶洞口规模大小，用块石、废坑木、废钢轨等作支撑，然后用混凝土浇灌，严实封闭岩溶洞口，最后用黏性土充填、压密塌洞上部空间。这种方法效果最佳，因在塌洞底部封闭了基底岩溶对盖层潜蚀的通道，消除了塌洞在该处重新产生的基本条件，一经回填，再也不可能"复活"。

塌洞发生在林歹铝土矿区萨拉河谷下，会引起地表水的倒灌。抢险回填时，在可能的条件下，先用临时简易土堤将河水引开，然后迅速回填。当汛期河水流量较大无此条件时，可先用大量捆绑并联结在一起的柴把、草束等沉入塌洞，使之足以形成"骨架"，然后再投填块石、土包（草袋、麻袋盛土），当吸水强度大大减弱后，再填土。

6.5　小结

本专著利用层次分析法（AHP）确定 7 个致塌因子并赋值,结合 GIS 空间叠加技术,建立了矿区开采疏干条件下的评价模型。在此基础上,分别预测矿山延伸开采时,隔水底板遭受破坏和保持完整两种条件下的塌陷易发区,主要结论如下:

（1）矿区岩溶塌陷易发性可用公式: $H = 0.2397 \cdot$ 岩溶发育程度 $+ 0.0799 \cdot$ 地质构造发育程度 $+ 0.0305 \cdot$ 第四系土层厚度 $+ 0.0915 \cdot$ 第四系土层结构 $+ 0.1806 \cdot$ 地下水位波动幅度 $+ 0.0497 \cdot$ 地下水位与基岩面关系 $+ 0.3281 \cdot$ 地下水疏干程度,进行评价,评价结果准确度较高。其中,地下水疏干程度对塌陷产生的影响最大,权重为 0.3281。

（2）矿山在当前开采条件下,矿区的 24 个已知塌陷点中,21 个处于塌陷易发区范围,占 87.5%;3 个处于不稳定区范围,占 12.5%。在阻水边界的作用下,疏干漏斗呈椭圆状,长轴沿南北向,阻水边界切除疏干椭圆西半侧。阻水边界西部塌陷易发区面积占覆盖层的 7.37%,东部塌陷易发区面积占 23.5%,塌陷范围未触及燕龙河。

（3）矿山延伸开采时,隔水底板未受破坏条件下,塌陷易发区范围占覆盖层的 53.2%,基本涵盖阻水边界以东、燕龙河以西的第四系覆盖层,塌陷易发区向东扩展触及燕龙河 3 个地段,存在河水倒灌涌入矿坑的风险。

（4）矿山延伸开采时,隔水底板遭受破坏条件下,疏干漏斗位于 CK106 正东约 100 m 位置,呈近圆形展布。塌陷易发区范围占覆盖层面积的 62.8%,刚触及燕龙河,触及萨拉河长度则达 380 m,并扩展至阻水边界西侧的矿区办公楼、宿舍、空压机房等建筑物,严重威胁矿山生产和人员安全。

（5）林歹矿区岩溶塌陷的防治可采用总体布局、建立地面塌陷监测网等方法进行塌前预防,以及采取塌洞回填、修建截水沟和帷幕灌浆等方法进行塌后治理。

综上所述,林歹铝土矿山延伸开采时,矿层隔水底板遭受破坏将会使栖霞 - 茅口组（$P_1q + P_1m$）灰岩以及萨拉河河水倒灌进入矿坑,给矿山带来灾难性的后果,因此,保护隔水底板的有效隔水性能是矿区岩溶塌陷和水害防治的关键。本次研究可为贵州林歹铝土矿区岩溶塌陷防治提供理论依据,同时为我国矿山水害防治提供借鉴,具有显著的经济效益和社会意义。

第 7 章　矿区深部地下开采
及防治水可行性研究

7.1　引言

　　贵州林歹铝土矿属地下开采矿山，主要开采对象为魏家寨矿段。魏家寨矿段通过生产勘探，提高了勘探程度，查明了勘探区边、深部资源状况，且对深部资源储量进行了升级，勘探结果表明矿区范围内保有资源储量级别和铝硅比均较高，资源储量可靠，资源条件好，为矿山深部开采提供了可靠的资源保证。然而，由于魏家寨矿段水文地质条件复杂，上下盘均分布有含水层。矿山在基建和生产过程中发生过突水、突泥淹井事故，复杂的水文地质条件是导致矿山一直未进行深部开拓的原因。

　　本章基于矿区的生产现状、深部的资源条件和第二至第六章取得的认识，针对魏家寨矿段深部矿体的赋存特点和开采技术条件以及矿山开拓系统现状，同时根据矿区顶底板围岩情况，确定深部矿体开采的岩石移动角，圈定顶底板岩石移动范围，研究深部矿体开采可行的开拓方案。结合矿区水文地质研究成果，优选深部开采经济合理、技术安全可靠的开拓方案。从而最大限度地回收矿区内高品位铝土矿资源，延长矿山的生产服务年限，保持矿山的可持续性发展，对林歹铝土矿山的进一步开采具有重要的技术指导意义和经济效益。

7.2 矿床开采技术条件分析

7.2.1 矿坑充水因素概况

勘探区地表水与地下水互为补给，联系密切，通常在上游地段是地下水补给河水，在下游地段是河水补给地下水。矿区地下水埋藏深度为 8 ~ 80 m，受降水补给，季节性变化较大，水位年均变幅为 8 ~ 15 m。天然条件下，各含水层间自成地下水流场，相互间没有水力联系。地下水沿岩溶裂隙、构造裂隙由南往北运移[52]。

前述章节研究结果显示：魏家寨矿段含矿系顶板为清虚洞 – 高台组岩溶裂隙含水层（$\epsilon_1q + \epsilon_2g$），底板为摆佐组裂隙溶洞含水层（$C_1b$），是矿坑充水的直接因素。栖霞 – 茅口组溶洞裂隙含水层（$P_1q + P_1m$）是否成为矿坑充水因素，主要取决于梁山组（P_1l）与摆佐组（C_1b）合并统一的"复合式"隔水岩体的隔水性能。在采矿崩落地段，产生岩溶塌陷、地面开裂、错落等，大气降水或河流可通过上述通道对矿坑进行补给。迎燕水库、断层对矿坑威胁较小，可不考虑该影响。运用水文地质比拟法预测矿坑最低开采中段 1040 m 中段正常涌水量为 4743.38 m³/d，最大涌水量为 14230.14 m³/d。

水文地质条件研究结果显示，矿区水文地质条件属中等偏复杂类型。

7.2.2 矿区工程地质特征

(1)第四系：主要分布在缓坡及洼地。由褐黄、褐红色黏土与碎石组成，厚5 ~ 15 m。一般浅部为硬塑状，向深部为可塑至软塑状，密实程度由松散过渡至稍密型，为散体状结构岩组，工程地质条件差。

(2)摆佐组硬质岩组：岩性为浅灰色厚层状细晶灰岩，岩溶裂隙较发育，局部受强烈溶蚀作用，发育有溶洞。该组地层出露地表呈长条形，底部常有 1 ~ 3 m厚的黏土质微晶灰岩，呈薄 – 中厚层，稳定性差。整体工程地质条件较差。

(3)九架炉组软质岩组：上部由黏土岩、铝土岩、铝土矿组成；下部由铁质页岩、赤铁矿、绿泥石岩等组成，厚度一般稳定，致密状铝土矿，干抗压强度为192.59 MPa ~ 254.17 MPa，湿抗压强度为 77.76 MPa ~ 224.75 MPa，属硬质岩组；碎屑状铝土矿，干抗压强度为 56.45 MPa，属软质岩组；土状铝土矿属软质岩组，易风化，遇水易崩解；岩石夹层为铝土岩、黏土岩，干抗压强度为 44.42 MPa ~ 56.45 MPa，属软质岩组，矿层直接顶板为黏土岩类，属软质岩组，岩性组合复杂，整体属软硬相间的层状结构岩组，稳定性较差，工程地质条件差。

（4）清虚洞－高台组硬质岩组：岩性特征为灰、紫红色薄至中厚层微至细晶白云岩，裂隙较发育，局部地段发育有裂隙状溶洞，充填褐黄、紫红色泥质，岩石较破碎，溶蚀现象显著。整体工程地质条件中等。

（5）铝土矿体（层）直接顶、底板的稳固性：铝土矿体（层）的直接顶板清虚洞－高台组的白云岩或黏土质白云岩，地表因受风化作用，裂隙率为 7.5%，在钻孔中裂隙直线率大于 0.3%，在接近矿系附近常见古岩溶裂隙，但均被铁质黏土岩充填而提高了承压强度。铝土矿体（层）直接底板为摆佐组浅灰色厚层状细晶灰岩，岩溶较发育的地层裂隙直线率大于 9.5%，特别是灰岩与矿系接触的 3～5 m 最发育，给采矿运输巷道的掘进带来一定困难，裂隙、溶洞内的充填物会受地下水流作用而涌入坑道。

（6）铝土矿体（层）顶、底部的稳固性：铝土矿体（层）顶、底部为黏土岩、铝土岩、铝土页岩、铁质黏土岩等，厚度一般为 1～5 m，抗风化能力差，钻孔取出的岩芯经数日风化，一般呈碎块状、粉砂状，机械强度差。在坑采部位，铝土矿的直接顶、底板稳固性均差，易造成垮塌、冒顶、底鼓等事故，应采取预防措施。

（7）矿石和围岩的物理力学性质：含矿系中铝土岩、黏土岩的干抗压强度为 44.42～56.45 MPa，属软质岩组；致密铝土矿的干抗压强度为 192.59～254.17 MPa，湿抗压强度为 77.76～334.57 MPa，属软质岩组；土状铝土矿属软质岩组，易风化，遇水易崩解，因此矿层的直接顶底板铝土岩、黏土岩属软质岩组，稳定性较差。含矿系的间接顶板为清虚洞－高台组灰、紫红色薄至中厚层微至细晶白云岩，裂隙较发育，在钻孔中局部见溶蚀现象，岩石破碎。含矿系间接底板为摆佐组浅灰色厚层状细晶灰岩，岩溶裂隙较发育，局部受强烈溶蚀作用，发育有溶洞。

从总体上看，岩石结构致密，属相对稳定岩组。岩体软弱层，主要是矿系中矿层直接顶底板铝土岩、黏土岩强度低，遇水易软化崩解，从而构成岩体中的软弱岩体滑动面，这些软弱岩层控制了岩体的稳定性。工程地质条件总体上属于中等复杂类型。

7.2.3　结构面的工程地质特征

勘探区断裂构造，大致以垂直地层走向或斜切地层走向的平移断层较发育，各组向的断裂带对岩体稳定性的影响分为：

（1）南北向断裂带：F24、F33 分别倾向东和北东，倾角为 74°、70°，属斜交逆平移同斜逆断层，呈平直或束状分布，一般沿层面滑动，具压扭性特征，走向稳定，两盘地层为清虚洞－高台组（$\mathcal{C}_1 q + \mathcal{C}_2 g$）和九架炉组（$C_1 j$），小褶皱发育，产状凌乱，由层面裂隙及纵张裂隙对岩石进行切割，导致岩石失去完整性，使局部地层重复，构造角砾岩与岩块凌乱混杂在一起形成破碎带，该破碎带构成了工程地质条件的复杂带。

（2）北东东向断裂：F25 倾向南东，倾角为 89°，破碎带宽 2 m，角砾成分与围岩相同，泥质胶结，裂面粗糙，岩体受断层切割，水平方向错切大于 20 m。

（3）北西向断裂带：包括 F29、F31 及 F32，倾向南西，倾角为 80°~90°，断距为 2~10 m，为张扭性断层。破碎带宽 2~3 m，角砾岩由泥质疏松胶结，节理、裂隙发育，产状近于直立，裂隙面略显粗糙，岩体受到切割作用，使地层发生位移，不连续，形成工程地质复杂带。

（4）东西向断裂带：F27 倾向南，倾角为 64°，断距为 10 m，在 CK146 附近发育有断层泉，斜交节理裂隙较发育，具张扭性特征，岩体完整程度差。

（5）软弱层：勘探区内岩体软弱层，主要是含矿系中矿层直接顶底板及其黏土岩夹层，软弱层具有强度低遇水易软化崩解之特点，从而构成软弱结构面和岩体滑动面。本区山体形态呈近南北向展布的单斜长梁，顺向斜坡陡于反向斜坡，软弱结构面构成了由陡变缓的转折部位，也构成了断层由陡变缓的转折点，这些软弱层控制了山体和岩体的稳定性。

7.3 矿山深部开采的可行性分析

7.3.1 矿山竖井建设中存在的主要问题

矿区设计采用中央竖井开拓，魏家寨竖井为提升井，竖井位于矿段中部第 34 勘探线，竖井布置在栖霞 – 茅口组（$P_1q + P_1m$）溶洞裂隙含水层中（如图 7 – 1 所示）。在前文研究结果的基础上，总结并分析竖井周边栖霞 – 茅口组（$P_1q + P_1m$）含水层岩溶发育规律如下：

（1）竖井井筒附近岩溶普遍发育，井下巷道所揭露 1# 及 2# 溶洞规模大，充填率高，竖井周边钻孔岩溶能见率达 100%。

（2）萨拉河谷溶蚀洼地岩溶极为发育，ZK101 及 ZK102 的单孔线岩溶率分别高达 53% 和 40%，单个溶洞高达 7.17~15.70 m，溶洞充填率高，溶洞充填物主要为褐色可塑状黏土、砂及角砾等，粒径一般为 1~3 mm。

（3）坑道水文地质调查及竖井周边钻孔施工证实，不仅在 1190 m 以上已经开采地段岩溶发育，同时在竖井延深的 1230~1050 m 标高也存在着两个岩溶发育段，其中在标高 1230~1150 m，发育段厚度为 80 m，岩溶以水平延深较长的裂隙状岩溶为主，充填或半充填。

矿井向深部延深的影响因素有矿体的赋存状态、已有开拓系统的开拓方式、水文地质条件和工程地质条件等。而对于林歹铝土矿山而言，水文地质条件是至

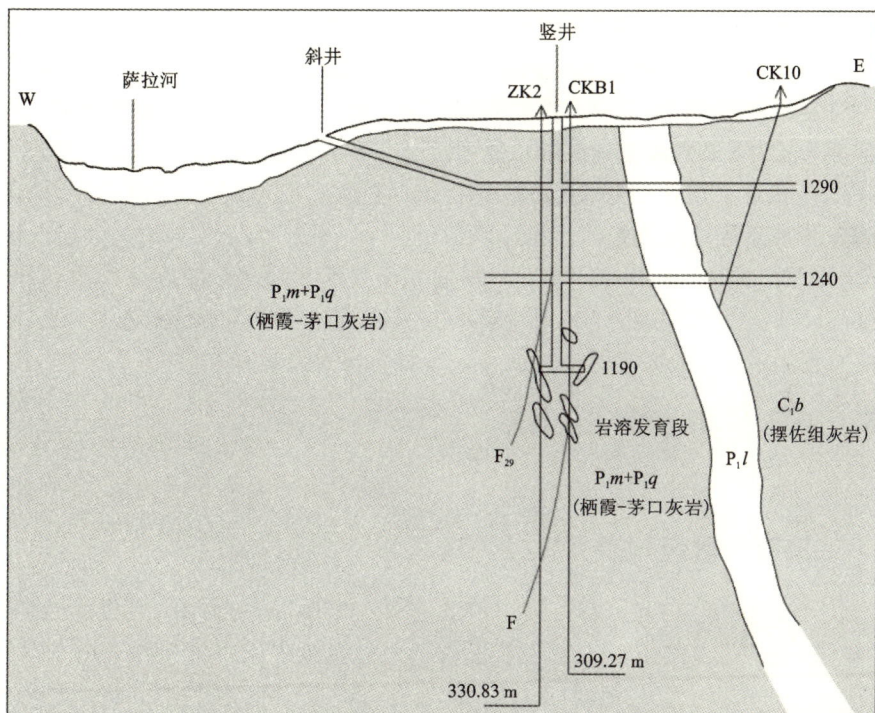

图 7 – 1　ZK2 – 竖井 – CKB1 岩溶发育带示意图

关重要的决定因素。延深开拓方案的设计必须充分考虑水文地质条件所带来的影响。如何克服由于水文地质条件所带来的不利因素，是能否顺利实现本研究矿区内深部开采的关键。

7.3.2　深部开拓延深的可行性

通过研究可知，采取相应的防治水措施保持栖霞－茅口组（$P_1q + P_1m$）溶洞裂隙含水层的天然水文地质动态是完全可能的。具体分析如下：

一方面，可从开拓系统形成方面保持栖霞－茅口组（$P_1q + P_1m$）溶洞裂隙含水层的天然水文地质动态。用盲斜井延深时，盲斜井是在矿层直接底板摆佐组（C_1b）灰岩中掘进的，可以直接避开栖霞－茅口组（$P_1m + P_1q$）溶洞裂隙含水层。本矿区 1240 m 中段至 1190 m 中段采用盲斜井开拓成功，表明了该方式的可行性。如果采用现有竖井在栖霞－茅口组（$P_1q + P_1m$）溶洞裂隙含水层中延深，从防治水技术方面，可采用工作面预注浆法，该方法在国内外大量实例中得到了成功的应用。

另一方面，可从回采工作方面保持栖霞－茅口组（$P_1q + P_1m$）溶洞裂隙含水层的天然水文地质动态。矿井栖霞－茅口组（$P_1q + P_1m$）溶洞裂隙含水层与铝土矿层之间，分布有矿层直接底板摆佐组（C_1b）裂隙含水层和梁山组（P_1l）隔水层。第4章"复合式"隔水岩层隔水性能的研究结果表明，延深开采时摆佐组灰岩和梁山组"复合式"隔水岩体仍具有隔水能力。

综上，根据矿层间接底板栖霞－茅口组（$P_1m + P_1q$）灰岩，直接底板摆佐组（C_1b）灰岩和矿层直接顶板清虚洞－高台组（$\mathcal{C}_1q + \mathcal{C}_2g$）灰岩富水性的不同及对井下安全开采构成的威胁程度不同，特别是结合上部开采多年防治水的成功经验，在延深开采时，对不同含水层，采取不同的防治措施后进行深部延深是可行的。

7.4 深部开拓方案

7.4.1 开采现状及现有开拓系统概述

铝土矿体倾角为74°~78°，主矿体Ⅰ号铝土矿体平均厚度为5.2 m，属于急倾斜矿体。昆明有色冶金设计研究院股份公司曾设计采用中央竖井开拓方案，共设计7个开采中段。竖井地面标高为1332 m，掘进断面直径为4.6 m，面积约为16.61 m^2，砼浇灌支护，壁厚为300 mm，净断面直径为4.0 m，面积为12.56 m^2。由于水文地质情况研究不够，竖井施工至1190 m中段时，在马头门发生突水、突泥淹井事故。由于竖井淹井和注浆工程未达到预期效果，1190 m中段的开拓及采准工程无法进行，为此矿方考虑生产衔接，从1240 m中段至1190 m中段改由盲斜井开拓，盲斜井井口标高为1243.45 m，井底标高为1190.68 m，井筒掘进断面面积为9.2 m^2，净断面面积为8.41 m^2。盲斜井在矿层直接底板摆佐组灰岩中掘进，坑道水文地质调查资料显示，盲斜井仅局部地段裂隙较发育，并见有小型溶洞，最大出水点流量达0.5 L/s，局部裂隙发育、岩溶较破碎地段采用了混凝土支护。1240 m中段以上采用罐笼井提升矿石，1190 m中段采用盲斜井串车提升＋罐笼井提升矿石，罐笼井提升选用JKD2.25×4型四绳多绳提升机，提升机主导轮直径为2250 mm，提升速度为10 m/s，配直流电动机ZD3－450L，$N = 400$ kW，$U = 440$ V，盲斜井提升选用JTK－1.2型矿用提升绞车，电动机功率为75 kW，380 V。矿山生产规模约为15×10^{4}t/a，截至目前，1190 m中段以上已回采完毕，在矿山生产期间内累计开采铝土矿212.78×10^{4}t。1190 m中段以下尚保有地质储量167.67×10^4 t无法开采。目前矿区也暴露出地面塌陷问题、岩溶发育规律和矿坑涌水量变化规律不清、地表水体回灌以及梁山组隔水层是否可靠等一系列重要的地质问题。目前矿山防治水成为矿井能否继续往下延深开采的主要难题。

7.4.2　岩体移动范围

参考我国部分类似金属矿山移动角实测值(表 7 - 1)，本次研究针对岩石移动界线圈定工作综合考虑了矿体的赋存形态、工程地质和水文地质条件、地表地形、构造、自然边坡角等情况，并结合相关规范性文件《岩移参数的确定方法》，最终确定上盘、下盘及端部的岩石移动界线分别以 60°、65°和 67°的移动角进行圈定。

表 7 - 1　我国部分金属矿山移动角实测值

矿山名称	围岩名称		普氏系数		矿体倾角 /(°)	矿体水平厚度 /m	矿体走向长度 /m	开采深度 /m	采矿方法	移动角/(°)		
	上盘	下盘	上盘	下盘						上盘	下盘	走向
大吉山钨矿	石英脉	石英脉	8 ~ 12	8 ~ 12	75	3	800 ~ 1500	760	浅孔留矿法	60	68	74
冶山铁矿	白云岩	花岗闪长岩	10 ~ 12	8 ~ 10	45 ~ 80	20	500	80 ~ 130	无底柱分段甭落法	62	85	62
小铁山铅锌矿	绿泥石片岩、绿泥石千枚岩	石英钠长斑岩	4 ~ 6	8 ~ 10	60 ~ 80	1 ~ 45 平均 5.5	600 ~ 1000	450 ~ 650	无底柱分段甭落法	45	60	70
长岭铁矿	花岗型混合岩	角闪岩	6 ~ 8	8 ~ 9	60 ~ 80	5 ~ 49	1600	450 ~ 500	无底柱分段甭落法、上部干式充填	75 ~ 80	60 ~ 80	
程潮铁矿	闪长岩、大理岩、矽卡岩	花岗岩、矽卡岩	8 ~ 10	10 ~ 12	46	53	1700	80	无底柱分段甭落法	68	68	—

7.4.3　开拓方案设计

根据矿山现有的开拓系统、矿体赋存特点等因素，初步确定矿山向深部延深的可能开拓方案有两种，分别是延深现有竖井开拓方案和延深现有盲斜井开拓方案。具体设计内容如下：

方案一、延深现有竖井开拓方案

该方案中，沿目前提升竖井位置，在栖霞－茅口组灰岩（$P_1q + P_1m$）中将现有提升竖井从1240 m标高延深至1040 m中段，井底标高1010 m，延深230 m，掘进断面直径为4.6 m，面积约为16.61 m^2，砼浇灌支护，壁厚300 mm，净断面直径为4.0 m，面积12.56 m^2。中段高度仍为50 m，新设1140 m、1090 m、1040 m三个中段。设计矿山生产规模为15×10⁴ t/a，罐笼提升，担负深部几个中段的矿石、废石、人员、材料、设备的提升任务。中段矿石采用有轨运输运至各中段竖井马头门，然后通过罐笼提升至地表。为防矿坑突水，在各中段石门内岩层稳固地段设防水门。在井底1040 m中段设置水泵房和水仓。罐笼井仍为进风井，仍采用中央罐笼井进风，两翼回风井回风的通风系统。

方案二、延深现有盲斜井开拓方案

该方案中，沿目前1240 m至1190 m盲斜井在矿体的底板摆佐组灰岩中继续向深部延深，延深至1040 m标高，盲斜井倾角为25°，斜井延长473.24 m，净宽3.5 m，喷锚网支护，采用串车提升，人行道与提升间采用钢隔墙隔开。设计矿山生产规模为15×10⁴ t/a，中段高度仍为50 m，串车斜井设1190 m、1140 m、1090 m、1040 m共四个中段，其中1040 m中段为平车场，其余各中段与斜井采用吊桥连接。为防矿坑突水，斜井各中段石门内岩层稳固地段设防水门。盲斜井担负深部几个中段的矿石、废石、人员、材料、设备的提升任务。中段矿石采用电机车运输，盲斜井提升转至竖井提升然后提出地表。在盲斜井井底1040 m中段设置水泵房和水仓。罐笼井和盲斜井为进风井，仍采用中央罐笼井＋盲斜井进风，两翼回风井回风的通风系统。

7.4.4　开拓方案对比与分析

针对上述延深现有竖井开拓方案和延深现有盲斜井开拓方案，分别从可比基建掘进工程量、水文地质因素、防治水方法与技术措施、注浆工程量与施工难度及井下防治水安全风险因素分析等诸多方面进行论证和对比分析，以确定最优方案。

（1）可比基建掘进工程量

两种方案的可比基建掘进工程量分别见表7－2和表7－3。表中数据显示，单从可比基建掘进工程量来看，延深现有竖井开拓方案可比掘进工程量为13620.30 m^3，延深现有盲斜井开拓方案可比掘进工程量为8463.28 m^3。

表 7−2 延伸现有竖井开拓方案可比工程量表 (方案 I)

序号	项目名称	支护型式	掘进断面 /m²	长度 /m	掘进量 /m³	混凝土 /m³	钢筋 /t	喷混凝土 /m³
	开拓工程 (不含中段平巷及排水系统)				13620.30	1563.21	102.19	155.21
(一)	提升竖井 (1240 m ~ 1039 m)	砼 300 mm	16.62 (12.57)	201.00	3340.62	814.05	73.96	
(二)	1140 m 中段							
1	副井车场			221.00	2405.00	209.00	2.37	
2	马头门		13.37	14	166.18	40.72	7.04	
3	1140 m 中段石门	50% 喷砼 砼 100 mm	6.40 (5.67)	133.20	803.86			48.62
(三)	1090 m 中段							
1	副井车场			221.00	2405.00	209.00	2.37	
2	马头门		13.37	14	166.18	40.72	7.04	
3	1090 m 中段石门	50% 喷砼 100 mm	6.40 (5.67)	140.21	846.17			51.18
(四)	1040 m 中段							
1	副井车场			221.00	2405.00	209.00	2.37	
2	马头门		13.37	14	166.18	40.72	7.04	
3	1040 m 中段石门	50% 喷砼 100 mm	6.40 (5.67)	151.80	916.11			55.41

可见, 延深现有竖井开拓方案比延深现有盲斜井开拓方案可比掘进工程量多 5157.02 m³。

表7－3　延深现有盲斜井开拓方案可比工程量表（方案Ⅱ）

序号	项目名称	支护型式	掘进断面/m²	长度/m	掘进量/m³	混凝土/m³	钢筋/t	喷混凝土/m³
	开拓工程（不含中段平巷及排水系统）				8463.28	251.29	74.35	644.28
（一）	提升斜井(25°,1190 m ~ 1040 m)			473.24	6195.80	233.29	73.96	455.40
1	井筒	砼250 mm	9.2 (8.41)	473.24	4353.81	39	58.60	373.86
		50%喷砼 100 mm						
2	吊桥硐室	砼250 mm		60	1738.89	122.16	14.10	81.54
3	水沟及盖板			494.04	103.1	72.13	1.26	
（二）	1140 m 中段							
1	车场		12.70		613.0	6	0.13	46.67
2	1140 m 中段石门	50%喷砼 砼100 mm	6.40 (5.67)	22.83	146.11			16.67
（三）	1090 m 中段							
1	车场		12.70	48.27	613	6	0.13	46.67
2	1090 m 中段石门	50%喷砼 100 mm	6.40 (5.67)	23.32	149.25			17.02
（四）	1040 m 中段							
1	车场		12.70	48.27	613.0	6	0.13	46.67
2	1040 m 中段石门	50%喷砼 100 mm	6.40 (5.67)	20.80	133.12			15.18

（2）水文地质因素

前文水文地质研究已证实竖井地段岩溶发育，富水性强，且位于栖霞-茅口组（$P_1q + P_1m$）灰岩岩溶水系统的强径流带内。而栖霞-茅口组（$P_1q + P_1m$）溶洞裂隙含水层岩溶发育，水压高，富水性强，若贸然揭露，对井下开采安全将构成威胁。如果采用现有盲斜井延深，由于盲斜井是在矿层直接底板摆佐组（C_1b）灰岩中掘进的，可以直接避开栖霞-茅口组（$P_1q + P_1m$）溶洞裂隙含水层。

如果采用延深现有竖井开拓方案，应采用注浆法下掘，对1140 m、1090 m 和1040 m 中段石门亦应在注浆的保护之下掘进。在矿层直接底板摆佐组裂隙溶洞含水层中掘进斜井时和掘进底板运输巷道不同，掘进底板运输巷道及采准工程应是在形成本中段永久性排水能力后进行，而斜井下掘只能借助于临时排水设施，不具备应付较大涌水的能力。

从魏家寨竖井1993 年投产以来，一直都是在保持栖霞-茅口组（$P_1q + P_1m$）溶洞裂隙含水层天然水文地质动态的情况下进行开采的。现有资料表明，栖霞-茅口组（$P_1q + P_1m$）溶洞裂隙含水层的水位，始终保持在1313 m 至1309 m 的正常水位变幅之间。为了保持栖霞-茅口组（$P_1q + P_1m$）溶洞裂隙含水层的天然水文地质动态，不触及该含水层，以免造成井下大量涌水和地面产生塌陷，是延深开采的关键问题。因此，采用延深现有盲斜井开拓方案要优于采用延深现有竖井开拓方案。

（3）防治水方法与技术措施、注浆工程量与施工难度及井下防治水安全风险因素

盲斜井延伸开采可使用普通方法进行防治水，但斜井下掘需边探水边掘进，在遇到较大涌水时采用注浆堵水等技术措施。如采用竖井延伸开采，则必须采用注浆法防治水。先封堵1190 m 中段揭露的1#和2#大型溶洞，再采用工作面预注浆法，对竖井井筒延伸范围内的两个岩溶发育段实施工作面预注浆，最后对三个开采中段的阶段石门进行工作面预注浆。对比而言，采用延深现有盲斜井开拓方案优于延深现有竖井开拓方案。

综上对比与分析，推荐林歹铝土矿区深部延深开拓时选用延深现有盲斜井开拓方案。

7.5 小结

林歹铝土矿区魏家寨矿段勘探结果表明矿区范围内保有资源储量级别和铝硅比均较高，资源储量可靠，资源条件好，但由于魏家寨矿段水文地质条件复杂，上下盘均分布有含水层，且矿区岩溶发育。因此，开展矿山深部开采开拓方案研

究是非常必要的。通过本节研究得到结论如下：

（1）水文地质条件是林歹铝土矿区魏家寨矿段开采至关重要的决定因素，延伸开拓方案的设计必须充分考虑水文地质条件所带来的影响。

（2）采取相应的防治水措施后，林歹铝土矿区魏家寨矿延伸开采是可行的。一方面采用盲斜井延深开采可直接避开栖霞 – 茅口组（$P_1m + P_1q$）岩溶含水层；另一方面采用现有竖井延深开采，可采用工作面预注浆法成功防治水。

（3）针对魏家寨矿段提出延伸现有竖井开拓方案和延伸现有盲斜井开拓方案两个方案设计，并分别从可比基建掘进工程量、水文地质因素、防治水方法与技术措施、注浆工程量与施工难度及井下防治水安全风险因素分析等方面进行对比分析，发现延伸现有盲斜井开拓方案具有显著的中段石门短、基建工程量小、基建投资小、施工技术相对简单、施工工期短、防治水措施简单等优点，因此，推荐该方案优先作为矿区延伸开采方案。

第 8 章 结论与建议

8.1 结论

我国对铝土矿资源具有显著的经济需求和市场需求。然而铝土矿往往与岩溶强烈发育的灰岩共存，其深部开采过程面临着严峻的突水威胁。相对于我国其他矿产资源的开采，例如煤矿等，铝土矿深部开采及防治水研究成果较少。伴随着我国铝土矿资源需求的剧增，其开采日益朝向更深且水文地质条件更复杂的区域，因此，迫切需要开展铝土矿深部开采及其防治水研究，从而一方面弥补我国在该领域的不足，另一方面为同类矿山开采提供理论指导和工程参考，进一步保障我国经济发展对铝土矿产的需求。

本次研究选取我国典型的铝土矿区——贵州林歹沉积型铝土矿区作为研究对象，尝试从不同尺度范围"区域－矿区－竖井"和不同深度范围"地面－矿层－巷道"查明矿区水文地质特征，分析矿区突水机理，识别突水因素，分析矿山延伸开采面临的潜在突水威胁及其影响，在此基础上，提出科学合理的铝土矿延伸开采的防治水和开拓系统方案。

研究过程中，一方面改进了传统的以单独岩层作为隔水层的评价方法，探索性地提出"复合式"隔水底板概念并对其安全性进行评价，为矿山深部开采防治水提供了一种新思路，发现避免"复合式"隔水底板遭遇破坏是矿山成功延伸开采的关键；另一方面综合利用层次分析法和 GIS 技术对矿区岩溶塌陷进行有效评价和预测，为矿区延伸开采和防治水提供了研究基础。

本专著取得的主要认识和结论如下：

（1）研究区域可划分为 3 个水文地质单元系统，分别为站街向斜区水文地质单元系统（Ⅰ）、林歹倒转单斜区水文地质单元系统（Ⅱ）和中寨—燕龙单斜区水文地质单元系统(Ⅲ)。林歹矿区属于第Ⅱ水文地质单元系统,水文地质条件属中等 - 复杂类型。

(2)矿区地下水垂向运动可划分为"四带",依次为浅层渗透带(Ⅰ)、季节波动带(Ⅱ)、饱水带(Ⅲ)和深循环带(Ⅳ),划定矿区岩溶发育下限标高为848 m。

(3)1190 m 中段马头门淹井事故的突水机理为竖井突水区段岩溶强烈发育,且位于岩溶地下水强径流带内;采用延伸现有盲斜井方案,在隔水底板不遭受破坏的情况下,1040 m 中段正常涌水量为4743.38 m³/d,最大涌水量为14230.14 m³/d。

(4)林歹铝土矿区1190 m 中段向下延伸开采,潜在突水威胁包括:间接充水含水层栖霞 - 茅口组($P_1q + P_1m$)溶洞裂隙水、迎燕水库渗漏水、沿易塌陷区新通道灌入矿坑的地表水。

(5)目前直接底板摆佐组(C_1b)和间接充水含水层栖霞 - 茅口组($P_1q + P_1m$)水位与1963年原始水位相比,水位下降值分别为123.26 m 和3.86 m。说明梁山组(P_1l)岩体目前仍具有隔水能力。

(6)当延伸盲斜井开采至1040 m 中段时,矿坑所承受栖霞 - 茅口组($P_1q + P_1m$)溶洞裂隙水的静水压力为2.73 MPa,其安全隔水层厚度至少为21.25 m;梁山组(P_1l)岩层厚16～23 m,此时无法承受栖霞 - 茅口组($P_1q + P_1m$)静水压力。

(7)"复合式"隔水岩体厚度为64～98 m,可承受栖霞 - 茅口组($P_1q + P_1m$)静水压力,表明栖霞 - 茅口组($P_1q + P_1m$)的突水威胁不会对林歹铝土矿区延伸盲斜井开采产生影响。

(8)在收集整理57个同类水库渗漏实例的基础上,构建BP神经网络模型,预测迎燕水库渗漏量为0.013 m³/s,表明水库渗漏潜在突水威胁不会对林歹铝土矿延伸现有盲斜井开采产生影响。

(9)矿山延伸开采至1040 m 中段时,"复合式"隔水底板保持完整的情况下,塌陷易发区面积占覆盖层面积的53.2%;一旦遭遇破坏,比例增加至62.8%。

(10)隔水底板遭受破坏的条件下,塌陷易发区可触及附近萨拉河长达380 m,并扩展至矿区办公楼、宿舍、空压机房等建筑,将造成严重的河水倒灌、地面汇流灌入问题,严重破坏建筑物结构,危害矿山生产和人员安全。因此,保护隔水底板的完整性是林歹铝土矿深部开采及防治水的关键。

针对上述研究成果,本专著提出林歹铝土矿区深部开采的两套开拓方案:延深现有竖井(Ⅰ)和延伸现有盲斜井(Ⅱ)。对基建掘进工程量、水文地质因素、防治水方法与技术措施、注浆工程量与施工难度,以及井下防治水安全风险等多个因素进行对比分析后认为:林歹铝矿区1190 m 中段以下矿产资源可以继续开采,建议以方案Ⅱ,即"原竖井 + 盲斜井"开拓方案作为林歹矿区1190 m 中段延伸开采至1140 m 中段的优选方案,可挽回本打算放弃的167.76 × 10⁴ t 深部铝土矿资源。

8.2 建议

本专著围绕突水水源和突水通道两个突水控制因素，系统地研究林歹矿区深部开采的突水威胁因素，为矿区防治水方案的设计和开拓系统方案的制定提供技术支撑，但因主观原因或客观受限，本专著存在的不足主要为：

（1）本专著利用地下水系统理论对多年开采条件下的岩溶矿区水文地质条件进行分析，受资料所限，针对岩溶强径流带上地下水的流动模式、岩溶水含水系统和流动系统的关系缺少深入的讨论和分析。

（2）本专著对矿区断裂构造的研究仅参考以往资料和本次巷道水文地质编录，未对其进行钻探、取样及抽水试验等控制工程，因此对断裂构造的研究仅局限于宏观定性上，未取得断裂的岩溶发育程度、渗透系数、岩石强度等参数的定量结果，后期将进一步分析断裂构造的岩溶发育强度和渗透系数等，研究其对矿坑突水的贡献程度。

（3）本专著对矿区地面岩溶塌陷的分析研究与地表水沿塌陷区岩溶通道涌入矿坑的研究仅局限在理论层面，野外工作仅进行了实地踏勘和塌陷点定位，未进行工程和采样研究，后期需补充土样和水样的成分分析和同位素示踪实验，以进一步分析和验证矿区岩溶塌陷的发展程度和范围。

参考文献

[1] 鄢艳. 我国铝土矿资源现状[J]. 有色矿冶, 2009(05), 58 – 60.

[2] 周园园, 王京, 唐萍芝. 全球铝土矿及氧化铝贸易状况分析[J]. 中国矿业, 2016(S1), 5 – 8.

[3] 李昊. 中国铝土矿资源产业可持续发展研究[D]. 北京: 中国地质大学(北京), 2010.

[4] 杨卉芃, 张亮, 冯安生等. 全球铝土矿资源概况及供需分析[J]. 矿产保护与利用, 2016(06), 64 – 70.

[5] 罗小南. 河南省铝工业可持续发展的矿产资源战略研究[D]. 北京: 中国地质大学(北京), 2011.

[6] Mucsi G, Csőke B, Solymár K. Grindability characteristics of lateritic and karst bauxites[J]. International Journal of Mineral Processing, 2011, 100(3 – 4), 96 – 103.

[7] Leblanc M, Tweed S, Lyon B J. et al. On the hydrology of the bauxite oases, Cape York Peninsula, Australia[J]. Journal of Hydrology, 2015, 528, 668 – 682.

[8] LIU W, YANG J, XIAO B. Review on treatment and utilization of bauxite residues in China [J]. International Journal of Mineral Processing, 2009, 93(3 – 4), 220 – 231.

[9] 郭超. 金属矿山深部开采的若干关键问题[J]. 中国新技术新产品, 2009(06), 113.

[10] LI T, MEI T, SUN X et al. A study on a water – inrush incident at Laohutai coalmine[J]. International Journal of Rock Mechanics and Mining Sciences. 2013, 59, 151 – 159.

[11] 陈彦美. 南方岩溶金属矿区地下水防治理论与实践[D]. 武汉: 中国地质大学, 2013.

[12] 徐文炘, 刘杰, 李蘅等. 与碳酸盐岩有关的金属矿山开采地下水影响研究[J]. 矿产与地质, 2013(06), 499 – 503.

[13] HU X, WANG L, LU Y et al. Analysis of insidious fault activation and water inrush from the mining floor [J]. International Journal of Mining Science and Technology, 2014, 24(4), 477 – 483.

[14] 赵庆彪, 赵兵文, 付永刚等. 大采深矿井地面区域治理奥灰水害关键技术研究[J]. 煤炭科学技术, 2016(08), 14 – 20.

[15] Mengler F C, Kew G A, Gilkes R J et al. Using instrumented bulldozers to map spatial variation in the strength of regolith for bauxite mine floor rehabilitation[J]. Soil and Tillage Research, 2006, 90(1 – 2), 126 – 144.

[16] Mark C. Science of empirical design in mining ground control[J]. International Journal of Mining Science and Technology, 2016, 26(3), 461 – 470.

[17] Amponsah – Tawiah K, Leka S, Jain A et al. The impact of physical and psychosocial risks on employee well – being and quality of life: The case of the mining industry in Ghana[J]. Safety Science, 2014, 65, 28 – 35.

[18] 李国山, 钟兆泓, 赵鹏. 贵州林歹铝土矿深部带压开采评价[J]. 现代矿业, 2015(07), 4 – 6 + 13.

[19] 彭三曦, 李义连, 赵子娟等. 贵州林歹铝土矿复合式围岩隔水安全性能研究[J]. 安全与环境工程, 2016(03), 107 – 112 + 118.

[20] Barabady J, Kumar U. Reliability analysis of mining equipment: A case study of a crushing plant at Jajarm Bauxite Mine in Iran[J]. Reliability Engineering & System Safety, 2008, 93(4), 647 – 653.

[21] 赵辉, 熊祖强, 王文. 矿井深部开采面临的主要问题及对策[J]. 煤炭工程, 2010(07), 11 – 13.

[22] HUANG H F, WANG C S, BEI H B et al. Water protection in the western semiarid coal mining regions of China: A case study[J]. International Journal of Mining Science and Technology, 2012, 22(5), 719 – 723.

[23] YAO B, BAI H, ZHANG B. Numerical simulation on the risk of roof water inrush in Wuyang Coal Mine[J]. International Journal of Mining Science and Technology, 2012, 22(2), 273 – 277.

[24] LIU S, MEI Q, WANG W et al. Water inrush evaluation of coal seam floor by integrating the water inrush coefficient and the information of water abundance[J]. International Journal of Mining Science and Technology, 2014, 24(5), 677 – 681.

[25] 莫欣达. 全球铝土矿资源分布及贸易状况[J]. 世界有色金属, 2013(10), 68 – 69.

[26] 杨杰. 地下铝土矿开采的主要风险及控制[J]. 现代职业安全, 2014(10), 93 – 95.

[27] 张成学, 王国库, 张泽夏等. 几内亚共和国红土型铝土矿床成矿探讨[J]. 化工矿产地质, 2015(01), 11 – 19.

[28] Monsels D A, Bergen M J. Bauxite formation on Proterozoic bedrock of Suriname[J]. Journal of Geochemical Exploration, 2017, 180, 71 – 90.

[29] Burton M, Jasmine Z S, White B. Public preferences for timeliness and quality of mine site rehabilitation. The case of bauxite mining in Western Australia[J]. Resources Policy, 2012, 37(1), 1 – 9.

[30] Konrad F, Stalder R, Tessadri, R. Quantitative phase analysis of lateritic bauxite with NIR – spectroscopy[J]. Minerals Engineering, 2015, 77, 117 – 120.

[31] Reddy M K, Ramesh V, Kumar V S. Mode of Occurrence and Distribution of Bauxite Deposits in Andhra Pradesh and Feasibility of Aluminum Industry[J]. Procedia Earth and Planetary Science, 2015, 11, 115 – 121.

[32] 刘中凡, 杜雅君. 我国铝土矿资源综合分析[J]. 轻金属, 2000(12), 8 – 12.

[33] 刘中凡. 世界铝土矿资源综述[J]. 轻金属, 2001(05), 7 – 8 + 10 – 12.

[34] 靳亲国. 河南省铝土矿资源现状与可持续开发建议[J]. 耐火材料, 2005(04), 303 – 305.

[35] Naghadehi M Z, Mikaeil R, Ataei M. The application of fuzzy analytic hierarchy process (FAHP) approach to selection of optimum underground mining method for Jajarm Bauxite Mine, Iran[J]. Expert Systems with Applications, 2009, 36(4), 8218 – 8226.

[36] 高灶其, 樊克锋. 几内亚红土型铝土矿床地质特征[J]. 资源调查与环境, 2009(02), 115 – 118.

[37] Buchanan S J, So H B, Kopittke P M et al. Influence of texture in bauxite residues on void ratio, water holding characteristics, and penetration resistance[J]. Geoderma, 2010, 158 (3 – 4), 421 – 426.

[38] 韩霞. 中国铝资源与市场配置研究[D]. 北京: 中国地质大学(北京), 2010.

[39] 付世伟. 铝土矿开采工艺优化降低贫化损失[J]. 有色金属设计, 2011(01), 4 – 8.

[40] Mutakyahwa M K, Ikingura J R, Mruma A H. Geology and geochemistry of bauxite deposits in Lushoto District, Usambara Mountains, Tanzania[J]. Journal of African Earth Sciences, 2003, 36(4), 357 – 369.

[41] Fontanier C, Fabri M C, Buscail R et al. Deep – sea foraminifera from the Cassidaigne Canyon (NW Mediterranean): assessing the environmental impact of bauxite red mud disposal[J]. Marine pollution bulletin, 2012, 64(9), 1895 – 910.

[42] LIN X, WANG Q, FENG Y et al. Genesis of the Guangou karstic bauxite deposit in western Henan, China[J]. Ore Geology Reviews, 2013, 55, 162 – 175.

[43] ZhANG C Y, CAO P, PU C Z et al. Integrated identification method of rheological model of sandstone in Sanmenxia bauxite[J]. Transactions of Nonferrous Metals Society of China, 2014, 24(6), 1859 – 1865.

[44] ZHANG L, Park C, WANG G et al. Phase transformation processes in karst – type bauxite deposit from Yunnan area, China[J]. Ore Geology Reviews, 2017, 89, 407 – 420.

[45] 罗建川. 基于铝土矿资源全球化的我国铝工业发展战略研究[D]. 长沙: 中南大学, 2006.

[46] 李满洲. 铝土矿床突水机理与防治技术 – 豫西夹沟铝土矿床突水治理理论与实践[M]. 郑州: 黄河水利出版社, 2007.

[47] LIN J P, YANG X J, SUN X M. Analysis and control on anomaly water inrush in roof of fully – mechanized mining field[J]. Mining Science and Technology (China), 2011, 21(1), 89 – 92.

［48］ LI T T, XU Z H. Work Safety Standardization Grade Evaluation Model and System Development of Bauxite Mines［J］. Procedia Engineering, 2011, 26, 1927 – 1933.

［49］ LI S C, ZHOU Z Q, LI L P et al. Risk assessment of water inrush in karst tunnels based on attribute synthetic evaluation system［J］. Tunnelling and Underground Space Technology, 2013, 38, 50 – 58.

［50］ 崔登伟. 岩溶地区铝土矿开采技术分析［J］. 内蒙古煤炭经济, 2015(05), 7 – 8.

［51］ 李金秀. 滇东北毛坪铅锌矿区深部开采条件下矿坑水防治研究［D］. 昆明：昆明理工大学, 2015.

［52］ 高士友. 王智强, 张荣亮, 缓倾斜铝土矿开采技术研究［J］. 有色金属(矿山部分), 2016 (05), 14 – 16.

［53］ WANG Q, DENG J, ZHANG Q et al. Orebody vertical structure and implications for ore – forming processes in the Xinxu bauxite deposit, Western Guangxi, China［J］. Ore Geology Reviews, 2011, 39(4), 230 – 244.

［54］ Wissmeier L, Barry D A, Phillips I R. Predictive hydrogeochemical modelling of bauxite residue sand in field conditions［J］. Journal of hazardous materials, 2011, 191(1 – 3), 306 – 324.

［55］ 葛文杰. 复杂条件下铝土矿开采及岩层采动规律研究［D］. 长沙：中南大学, 2011.

［56］ Knierzinger J. The socio – political implications of bauxite mining in Guinea：A commodity chain perspective［J］. The Extractive Industries and Society, 2014, 1(1), 20 – 27.

［57］ Ivanova G. The mining industry in Queensland, Australia：Some regional development issues ［J］. Resources Policy, 2014, 39, 101 – 114.

［58］ Azadeh A, Osanloo M, Ataei M. A new approach to mining method selection based on modifying the Nicholas technique［J］. Applied Soft Computing, 2010, 10(4), 1040 – 1061.

［59］ GU X, WANG J, LIU Y. Water resistant features of high – risk outburst coal seams and standard discriminant model of mining under water – pressure［J］. Mining Science and Technology (China), 2010, 20(6), 797 – 802.

［60］ Clifford M J. Pork knocking in the land of many waters：Artisanal and small – scale mining (ASM) in Guyana［J］. Resources Policy, 2011, 36(4), 354 – 362.

［61］ DING H, MIAO X, JU F. et al. Strata behavior investigation for high – intensity mining in the water – rich coal seam［J］. International Journal of Mining Science and Technology, 2014, 24(3), 299 – 304.

［62］ CAI M. Prediction and prevention of rockburst in metal mines – A case study of Sanshandao gold mine［J］. Journal of Rock Mechanics and Geotechnical Engineering, 2016, 8(2), 204 – 211.

［63］ CHEN W, LIANG S, LIU J. Proposed split – type vapor compression refrigerator for heat hazard control in deep mines［J］. Applied Thermal Engineering, 2016, 105, 425 – 435.

［64］ WANG H, JIANG Y. Influence of fault slip on mining – induced pressure and optimization of roadway support design in fault – influenced zone［J］. Journal of Rock Mechanics and

Geotechnical Engineering, 2016, 8(5), 660 - 671.

[65] 冯兴隆, 贾明涛, 王李管等. 地下金属矿山开采技术发展趋势[J]. 中国钼业, 2008 (02), 9 - 13.

[66] 陈正华, 陈植华, 张溪等. 武山矿区地质构造控制下岩溶发育规律[J]. 工程勘察, 2010 (08), 44 - 48.

[67] 王艳美, 陈植华, 王宁涛. 福建马坑铁矿岩溶发育规律研究及基于 GIS 的成果展示[J]. 化工矿产地质, 2008(01), 28 - 34.

[68] 陈彦美, 陈植华, 康彩琴. 从马坑铁矿看我国南方岩溶金属矿山防治水工作[J]. 金属矿山, 2012(02), 108 - 113 + 152.

[69] 陈彦美, 陈植华, 於开炳. 南方岩溶金属矿区地下水非均质性及防治水意义: 以福建马坑铁矿为例[J]. 地球科学, 2016(04), 692 - 700.

[70] 王大纯等. 水文地质学基础[M]. 北京: 地质出版社, 1980.

[71] 张人权. 同位素在水文地质中的应用[M]. 北京: 地质出版社, 1983.

[72] 王大纯等. 水文地质学基础[M]. 北京: 地质出版社, 1986.

[73] 张人权, 周宏, 陈植华. 山西郭庄泉岩溶水系统分析[J]. 地球科学, 1991(01), 1 - 17.

[74] 唐依民. 地下水系统稳定性判断研究[J]. 湘潭矿业学院学报, 1993(03), 31 - 36.

[75] 韩冬梅. 忻州盆地第四系地下水流动系统分析与水化学场演化模拟[D]. 武汉: 中国地质大学, 2007.

[76] 袁道先, 章程. 岩溶动力学的理论探索与实践[J]. 地球学报, 2008(03), 355 - 365.

[77] 张人权. 水文地质学基础第 6 版[M]. 北京: 地质出版社, 2011.

[78] 邹成杰. 岩溶地区地下水位动态分析[J]. 中国岩溶, 1995(03), 261 - 269.

[79] 陈梦熊. 环境水文地质学最新发展与今后趋向[J]. 电子科技大学学报, 1995(03), 28 - 32 + 35.

[80] 陈梦熊, 马凤山等. 中国地下水资源与环境[M]. 北京: 地震出版社, 2002.

[81] 徐恒力. 地下水系统的进化[J]. 水文地质工程地质, 1992(01), 58 - 60.

[82] 陈植华. 岩溶水系统泉流量系统分析——以山西郭庄泉为例[J]. 地球科学, 1991(01), 51 - 60.

[83] 韩冬梅, 徐恒力, 梁杏. 北方岩溶大泉地下水系统的圈划: 以太原盆地东西山地区为例[J]. 地球科学, 2006(06), 885 - 890.

[84] 徐恒力, 陈植华. 地下水系统的时变问题与预测[J]. 地球科学, 1991(01), 35 - 41.

[85] 张文泉. 矿井(底板)突水灾害的动态机理及综合判测和预报软件开发研究[D]. 青岛: 山东科技大学, 2004.

[86] 吴振岭, 白喜庆. 峰峰煤矿区岩溶地下水流场演化规律[J]. 地下水, 2009(01), 23 - 27.

[87] Li C, Li J, Li Z, et al. Establishment of spatiotemporal dynamic model for water inrush spreading processes in underground mining operations[J]. Safety Science, 2013, 55, 45 - 52.

[88] ZHANG Y. , TU S, BAI Q et al. Overburden fracture evolution laws and water - controlling

technologies in mining very thick coal seam under water – rich roof[J]. International Journal of Mining Science and Technology, 2013, 23(5), 693 – 700.

[89] 唐依民. 矿区地下水系统及其特征分析[J]. 湖南地质, 1996(02), 93 – 97 + 102.

[90] Islam M R, Hayashi D, Kamruzzaman A B M. Finite element modeling of stress distributions and problems for multi – slice longwall mining in Bangladesh, with special reference to the Barapukuria coal mine[J]. International Journal of Coal Geology, 2009, 78(2), 91 – 109.

[91] WANG P, JIANG J, ZHANG P et al. Breaking process and mining stress evolution characteristics of a high – position hard and thick stratum[J]. International Journal of Mining Science and Technology, 2016, 26(4), 563 – 569.

[92] DONG Q H, CAI R, YANG W F. Simulation of Water – Resistance of a Clay Layer During Mining: Analysis of a Safe Water Head[J]. Journal of China University of Mining and Technology, 2007, 17(3), 345 – 348.

[93] KONG H L, MIAO X X, WANG L Z et al. Analysis of the Harmfulness of Water – Inrush from Coal Seam Floor Based on Seepage Instability Theory[J]. Journal of China University of Mining and Technology, 2007, 17(4), 453 – 458.

[94] WANG Y, YANG W, LI M et al. Risk assessment of floor water inrush in coal mines based on secondary fuzzy comprehensive evaluation[J]. International Journal of Rock Mechanics and Mining Sciences, 2012, 52, 50 – 55.

[95] 施龙青. 突水系数由来及其适用性分析[J]. 山东科技大学学报(自然科学版), 2012 (06), 6 – 9.

[96] SUN W, WU Q, LIU H et al. Prediction and assessment of the disturbances of the coal mining in Kailuan to karst groundwater system[J]. Physics and Chemistry of the Earth, Parts A/B/C, 2015, 89 – 90, 136 – 144.

[97] 施龙青. 底板突水机理研究综述[J]. 山东科技大学学报(自然科学版), 2009 (03), 17 – 23.

[98] 李本军, 刘海新, 刘晓威. 突水系数法在煤矿深部开采中的应用[J]. 河北工程大学学报 (自然科学版), 2011(03), 68 – 70 + 90.

[99] 吕继平. 轩岗矿区刘家梁煤矿 5 号煤层带压开采突水危险性分析评价与防治[J]. 中国煤炭地质, 2017(05), 57 – 61.

[100] SUN J, WANG L G, WU Z S et al. Determining areas in an inclined coal seam floor prone to water – inrush by micro – seismic monitoring[J]. Mining Science and Technology (China), 2011, 21(2), 165 – 168.

[101] JIN D, ZHENG G, LIU Z et al. Real – Time Monitoring and Early Warning Techniques of Water Inrush through Coal Floor[J]. Procedia Earth and Planetary Science, 2011, 3, 37 – 46.

[102] Durán A P, Rauch J, Gaston K J. Global spatial coincidence between protected areas and metal mining activities[J]. Biological Conservation, 2013, 160, 272 – 278.

[103] Favas P J, Pratas J, Mitra S et al. Biogeochemistry of uranium in the soil – plant and water – plant systems in an old uranium mine[J]. The Science of the total environment, 2016, 568, 350 – 68.

[104] FENG G, HU S, LI Z et al. Distribution of methane enrichment zone in abandoned coal mine and methane drainage by surface vertical boreholes: A case study from China[J]. Journal of Natural Gas Science and Engineering, 2016, 34, 767 – 778.

[105] Figueiredo P N, Piana J. When "one thing (almost) leads to another": A micro – level exploration of learning linkages in Brazil's mining industry[J]. Resources Policy, 2016, 49, 405 – 414.

[106] 郭君, 甘德清, 王志国. 白毛峪铁矿地下开采对潘家口水库大坝稳定性影响分析[J]. 矿业快报, 2008(04), 48 – 51.

[107] 高延法, 章延平, 张慧敏等. 底板突水危险性评价专家系统及应用研究[J]. 岩石力学与工程学报, 2009(02), 253 – 258.

[108] 常庆粮, 唐维军, 李秀山. 膏体充填综采底板破坏规律与实测研究[J]. 采矿与安全工程学报, 2016(01), 96 – 101.

[109] 高东燕. 柳林某矿奥灰水带压开采安全性分析评价[J]. 山西煤炭, 2016(05), 90 – 92 + 95.

[110] 杜伟升, 姜耀东, 高林涛. 带压开采底板破坏因素分析及突水预测研究[J]. 煤炭科学技术, 2017(06), 112 – 117 + 130.

[111] LI G, JIANG Z, LV C et al. Instability mechanism and control technology of soft rock roadway affected by mining and high confined water[J]. International Journal of Mining Science and Technology, 2015, 25(4), 573 – 580.

[112] 中国煤炭工业劳动保护科学技术学会组织, 矿井水害防治技术[M]. 北京: 煤炭工业出版社, 2007.

[113] 张正浩. 矿井水害防治实用措施[M]. 北京: 煤炭工业出版社, 2011.

[114] 徐建国, 冯增强. 矿井防治水综合技术[M]. 徐州: 中国矿业出版社, 2007.

[115] 李华奇. 矿井防治水[M]. 北京: 煤炭工业出版社, 2012.

[116] MENG Z, LI G, XIE X. A geological assessment method of floor water inrush risk and its application[J]. Engineering Geology, 2012, 143 – 144, 51 – 60.

[117] FENG M M, MAO X B, BAI H B et al. Analysis of Water Insulating Effect of Compound Water – Resisting Key Strata in Deep Mining[J]. Journal of China University of Mining and Technology, 2007, 17(1), 1 – 5.

[118] 朱福弟. 国外矿床岩溶水研究中的几个问题[J]. 煤田地质与勘探, 1980(06), 81 – 84.

[119] 王梦玉, 朱福弟. 匈牙利矿山防治水技术[J]. 煤炭科学技术, 1985(07), 58 + 57.

[120] 阮懋昭. 岩溶矿区建造堵水帷幕的水文地质问题[J]. 化工矿山技术, 1981(06), 7 – 10 + 31.

［121］赵天石，高瑞袖. 辽宁省下辽河平原东部隐伏岩溶发育规律及水文地质意义［J］. 中国岩溶，1985(03)，59－68.

［122］徐卫国，赵桂荣. 岩溶矿区突水机理及预防［J］. 化工矿山技术. 1986(05)，55－57.

［123］袁道先. 现代岩溶学在中国的发展［J］. 地质论评，2006(06)，733－736.

［124］沈继方，陈植华. 矿床水文地质学［M］. 北京：中国地质大学出版社，1988.

［125］沈继方等. 矿床水文地质学［M］. 武汉：中国地质大学出版社，1992.

［126］黄树勋. 我国金属矿山防治水技术的现在与未来［J］. 长沙矿山研究院季刊，1993(01)，41－45.

［127］郭三柱. 岩溶地区金属矿山地下水的综合治理［J］. 湖南有色金属，1994(06)，334－336.

［128］张妮妮，郭三柱. 岩溶地区金属矿山地下水治理方法探讨［J］. 湖南冶金，1995(01)，31－33.

［129］陈雄. 矿井灾害防治技术［M］. 重庆：重庆大学出版社，2009.

［130］张群利. 基于多源信息融合的岩溶矿区矿井突水危险性评价［D］. 武汉：中国地质大学，2011.

［131］周国清，何素楠，陈昆华等. 模糊层次分析法对岩溶塌陷易发程度的评估——以广西来宾市吉利村为例［J］. 城市勘测，2013(05)，155－159.

［132］王军. 矿山地下水害防治技术新进展［J］. 采矿技术，2002(03)，55－58.

［133］黄炳仁. 大水矿床注浆防水帷幕厚度的确定［J］. 中国矿业，2004(03)，61－63.

［134］王军. 岩溶矿床帷幕注浆截流新技术［J］. 矿业研究与开发，2006(S1)，151－153.

［135］杨相茂，王付春，胡文榜. 大红山矿山帷幕注浆防治水技术初探［J］. 岩土工程界，2006(10)，52－54.

［136］高建军，祝瑞勤，徐大宽. 岩溶充水矿床帷幕注浆堵水技术研究［J］. 水文地质工程地质，2007(05)，123－127.

［137］辛小毛，王亮. 大水金属矿山防治水综合技术方法的研究［J］. 矿业研究与开发，2009(02)，78－81.

［138］赵恰. 强岩溶大水矿山帷幕模拟与参数优化［D］. 长沙：长沙矿山研究院，2014.

［139］Sui, W., Liu, J., Hu, W. et al. Experimental investigation on sealing efficiency of chemical grouting in rock fracture with flowing water［J］. Tunnelling and Underground Space Technology, 2015, 50, 239－249.

［140］杨柱，王军，赵恰. 构造裂隙大水矿床帷幕注浆工程试验及参数研究［J］. 金属矿山，2015(04)，44－47.

［141］王益伟. 大水矿山地下水致灾机理及防治研究［D］. 长沙：中南大学，2014.

［142］王心义，单智勇等. 岩溶裂隙型矿区水害防治技术及水资源综合利用［M］. 北京：煤炭工业出版社，2008.

［143］曹剑峰等. 专门水文地质学 第3版［M］. 北京：科学出版社，2010.

［144］王心义等. 专门水文地质学［M］. 徐州：中国矿业大学出版社，2011.

[145] 费英烈, 邹成杰. 贵州岩溶地区水库坝址渗漏问题的初步研究[J]. 中国岩溶, 1984 (02), 125 – 134.

[146] 毛健全, 李景阳, 顾悦等. 岩溶水库渗漏的数学 – 地质模型 – 逻辑信息法在岩溶水库渗漏评价中的应用[J]. 中国岩溶, 1988(01), 47 – 57.

[147] 杨桂芳, 姚长宏, 王增银等. BP 神经网络在岩溶水库渗漏评价中的应用[J]. 中国岩溶, 2000(01), 75 – 82.

[148] 赵鹏. 贵州某岩溶水库渗漏评价——某岩神经网络的运用[J]. 工程设计与研究, 2009 (01), 8 – 13 + 34.

[149] 刘甘华. 神经网络在土石坝渗流监测中的应用[D]. 合肥: 合肥工业大学, 2010.

[150] 王雪英. 基于 BP 神经网络的山区开采沉陷预计[D]. 太原: 太原理工大学, 2010.

[151] 汤丽华. BP 神经网络在花凉亭水库渗流监测中的应用[J]. 安徽水利水电职业技术学院学报, 2012(02), 13 – 15.

[152] 徐星, 郭兵兵, 王公忠. 人工神经网络在矿井多水源识别中的应用[J]. 中国安全生产科学技术, 2016(01), 181 – 185.

[153] 蒋小珍. 基于 GIS 技术的全国地面塌陷灾害危险性评价[J]. 地球学报, 2003(05), 469 – 473.

[154] 邓启江. 重大工程岩溶塌陷防治综合研究[D]. 北京: 中国地质大学(北京), 2010.

[155] 赵正君. 福建省龙岩市岩溶塌陷风险评估[D]. 北京: 中国地质科学院, 2010.

[156] 赵德君, 彭凤, 杨建等. 基于层次分析法的武汉市岩溶塌陷危险性分区评价[J]. 资源环境与工程, 2012(S1), 97 – 99.

[157] 龚华根, 徐芬, 杨辉. 层次分析及 GIS 空间分析在矿山岩溶塌陷预测评估中的应用——以某大理石矿为例[J]. 地下水, 2014(05), 197 – 200.

[158] 姜伏伟. 大藤峡水利枢纽工程防护区岩溶塌陷灾害防治综合研究[D]. 北京: 中国地质大学(北京), 2015.

[159] 武运泊, 王运生, 曹文正. 基于 AHP – 模糊综合评判的岩溶塌陷危险性评价[J]. 中国地质灾害与防治学报, 2015(01), 43 – 48.

[160] 周全超. 基于 GIS 和层次分析法的岩溶塌陷危险性预测评价[J]. 凯里学院学报, 2016 (03), 108 – 110.

[161] 胡耀青. 带压开采岩体力水学理论与应用[D]. 太原: 太原理工大学, 2003.

[162] ZHU Q H, FENG M M, MAO X B. Numerical analysis of water inrush from working – face floor during mining[J]. Journal of China University of Mining and Technology, 2008, 18(2), 159 – 163.

[163] 陈跃升. 复杂岩溶矿区降水开采条件下的地表水渗漏定量评价[J]. 金属矿山, 2008 (12), 83 – 86 + 115.

[164] 邓红卫. 典型矿山地下水防治与资源化调控及工程应用研究[D]. 长沙: 中南大学, 2009.

[165] 林中湘, 陈湘桂. 复杂岩溶矿区矿坑涌水量模拟与分析——以湖南道县铁锰矿Ⅱ矿体为例[J]. 衡阳师范学院学报, 2009(03), 103 – 107.

[166] 齐跃明. 矿区岩溶地下水动态的随机模拟及应用研究[D]. 徐州: 中国矿业大学, 2009.

[167] 谢常茂. 岩溶地下水防治工程技术[J]. 探矿工程(岩土钻掘工程), 2009(09), 42 – 46.

[168] 肖有权. 岩溶矿区疏干排水引起地质灾害及其防治[J]. 金属矿山, 2010(08), 81 – 86 +117.

[169] DOU H, MA Z, CAO H et al. Application of isotopic and hydro – geochemical methods in identifying sources of mine inrushing water[J]. Mining Science and Technology (China), 2011, 21(3), 319 – 323.

[170] Gr? fe M, Power G, Klauber C. Bauxite residue issues: Ⅲ. Alkalinity and associated chemistry[J]. Hydrometallurgy, 2011, 108(1 – 2), 60 – 79.

[171] HAN D, LI D, SHI X. Effect of Application of Transient Electromagnetic Method in Detection of Water – Inrushing Structures in Coal Mines[J]. Procedia Earth and Planetary Science, 2011, 3, 455 – 462.

[172] 陈娅鑫. 深部煤层开采矿井防治水技术研究[D]. 邯郸: 河北工程大学, 2011.

[173] Dupuy K E. Community development requirements in mining laws[J]. The Extractive Industries and Society, 2014, 1(2), 200 – 215.

[174] 刘东锐. 深部大水矿床超前疏干方案研究[D]. 长沙: 中南大学, 2014.

[175] 赵小二. 采动对矿井底板充水条件变化的影响研究[D]. 徐州: 中国矿业大学, 2014.

[176] WU J, XU S, ZHOU R et al. Scenario analysis of mine water inrush hazard using Bayesian networks. Safety Science, 2016, 89, 231 – 239.

[177] 王益伟, 罗周全, 康勇等. 矿区疏干诱发岩溶塌陷特征分析及预测. 中国安全科学学报, 2012(08), 10 – 14.

附录 面向 MATLAB 的 BP 算法

利用数学软件 MATLAB 对迎燕水库的渗漏量进行预测, 预测实现代码如下。

```
clc
clear
%%训练数据预测数据
%输入输出数据
load data. mat;
input = data;
%提取 40 个样本为训练样本, 13 个样本为预测样本
load output. mat;
n = 1:1:length(output);
input_train = input(n(1: 40), :)';
output_train = output(n(1: 40))';
trainout = output_train;
input_test = input(n(41: end), :)';
output_test = output(n(41: end))';
%%输入数据归一化
[input_train, inputps] = mapminmax(input_train);
input_test = mapminmax('apply', input_test, inputps);
%测试集
[output_train, outputps] = mapminmax(output_train);
%% BP 网络训练
% %初始化网络结构
```

```
net = newff ( input _ train, output _ train, [ 10, 8, 1 ], { 'tansig', 'tansig', '
purelin'} , 'trainlm') ;
    net. trainParam. epochs = 1000 ;
    net. trainParam. lr = 0. 01 ;
    net. trainParam. goal = 0. 0000004 ;
    %% 网络训练
    net = train( net, input_train, output_train) ;
    %% BP 网络预测
    % 网络预测输出训练集和测试集的输出
    TrainOutput = sim( net, input_train) ;
    TrainOutput = mapminmax('reverse', TrainOutput, outputps) ; % 训练样本的
输出结果 TrainOutput
    TestOutput = sim( net, input_test) ;
    TestOutput = mapminmax('reverse', TestOutput, outputps) ;    % 测试样本的
输出结果 TestOutput
    %% 结果分析
    % 画出训练集预测和实际值的图
    figure(1)
    plot( TrainOutput, '- g')
    hold on
    plot( trainout, '- r *') ;
    R2 = ( 6 * sum ( TrainOutput . * trainout) - sum ( TrainOutput) * sum
( trainout) )^2 / ( ( 6 * sum( ( TrainOutput). ^2) - ( sum( TrainOutput) )^2) * ( 6
* sum( ( trainout). ^2) - ( sum( trainout) )^2) ) ;
    string_1 = { '测试集预测结果对比'; } ;
    legend('训练集预测结果', '训练集实际结果')
    title( string_1)
    ylabel('输出结果', 'fontsize', 12)
    xlabel('样本数目', 'fontsize', 12)
    % 画出测试集预测和实际指的图
    figure(2)
    plot( TestOutput, '- g')
    hold on
```

```
plot(output_test, '-r*');
R2 = (6 * sum(TestOutput . * output_test) - sum(TestOutput) * sum
(output_test))^2 / ((6 * sum((TestOutput).^2) - (sum(TestOutput))^2) * (6
* sum((output_test).^2) - (sum(output_test))^2));
string_2 = {'测试集预测结果对比';
['R^2 = ' num2str(R2)]};
legend('测试集预测结果', '测试集实际结果')
title(string_2)
ylabel('输出结果', 'fontsize', 12)
xlabel('样本数目', 'fontsize', 12)
%%存放单个数据
mydata = [1 1 1 1 2 1 1 1 1 2]';
result = sim(net, mydata);
result = mapminmax('reverse', result, outputps);
```

图书在版编目(CIP)数据

贵州林歹铝土矿深部地下开采防治水研究 / 彭三曦,
单慧媚, 熊彬著. —长沙: 中南大学出版社, 2020.9
　ISBN 978-7-5487-4094-0

　Ⅰ.①贵… Ⅱ.①彭… ②单… ③熊… Ⅲ.①铝土矿
—金属矿开采—地下开采—矿井突水—防治—清镇
Ⅳ.①TD862.5

　中国版本图书馆 CIP 数据核字(2020)第 135977 号

贵州林歹铝土矿深部地下开采防治水研究
GUIZHOU LINDAI LÜTUKUANG SHENBU DIXIA KAICAI FANGZHISHUI YANJIU

彭三曦　单慧媚　熊彬　著

□责任编辑　刘小沛
□责任印制　易红卫
□出版发行　中南大学出版社
　　　　　　社址: 长沙市麓山南路　　　　邮编: 410083
　　　　　　发行科电话: 0731-88876770　　传真: 0731-88710482
□印　　装　长沙雅鑫印务有限公司

□开　　本　710 mm×1000 mm 1/16　□印张 7.5　□字数 149 千字
□互联网+图书　二维码内容　字数 1 千字　图片 5 个
□版　　次　2020 年 9 月第 1 版　□2020 年 9 月第 1 次印刷
□书　　号　ISBN 978-7-5487-4094-0
□定　　价　38.00 元